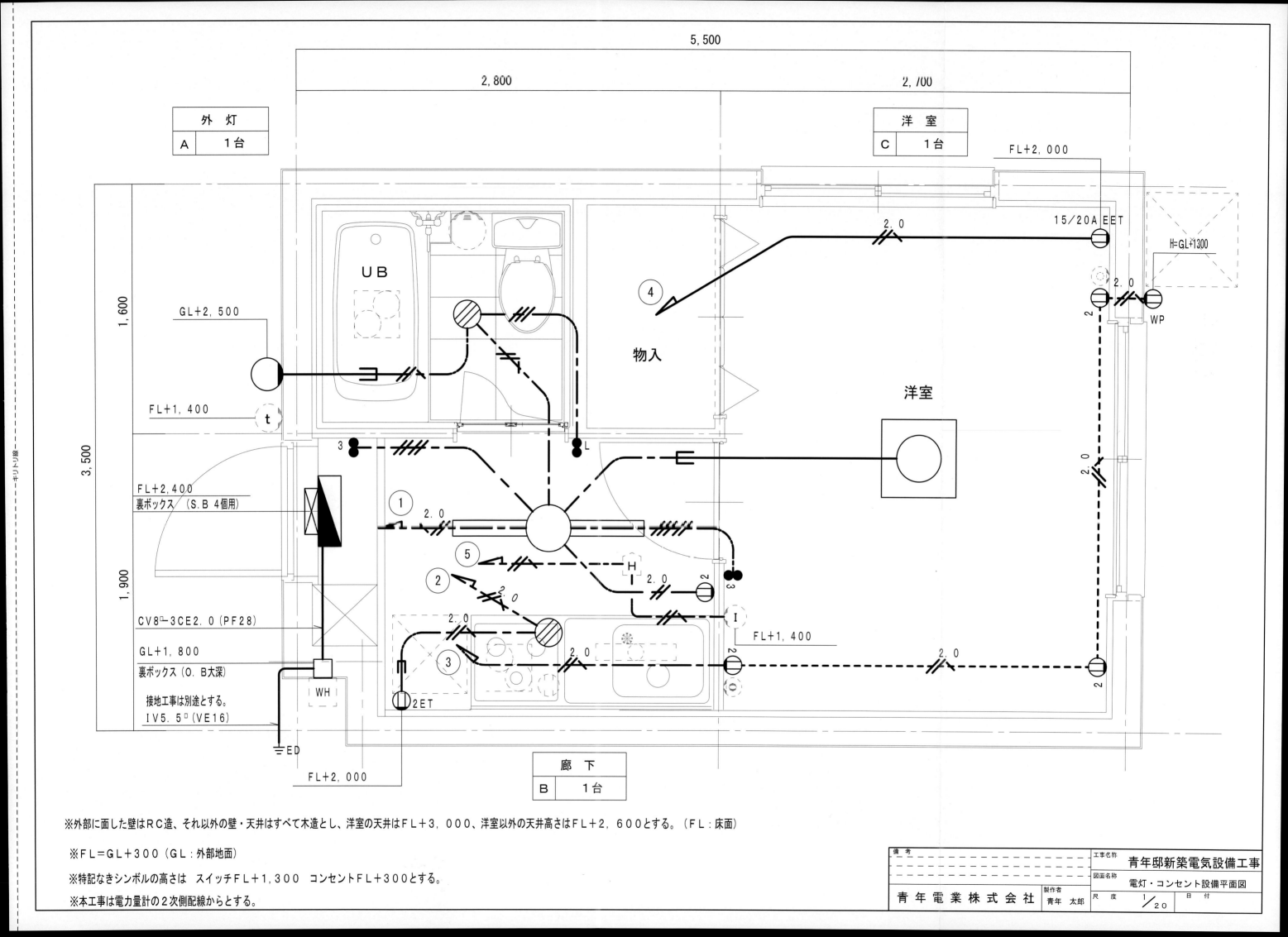

工事凡例

記号	名称・仕様	備考
⊕	埋込スイッチ 1P15A	125V15A(取付枠P共) コンセント FL+300
⊕₂	埋込スイッチ 3W15A	125V15A×2(取付枠P共) コンセント FL+300
⊕ET	埋込スイッチ(PL付) 1P15A	2P15A×1 E極付 コンセント FL+400
⊕₂ET	埋込コンセント 2P15A×2	2P15A×2 E極付 コンセント
⊕ 15/20A EET	埋込コンセント 2P15A×2ET付	15A・20A兼用埋込接地 ターミナル付接地コンセント
⊕WP	埋込コンセント 2P15A・20A125V接地	防水ダブルコンセント 2P15A×2極以上 EET
●●L	防水コンセント 2P15A×1	1P15A+1P4A ONピカ スイッチ FL+1,300
●●₃	アウトレットボックス 四角大深	1P15A+3W15A×1 スイッチ FL+1,300
[WH]	VVF用ジョイントボックス	電力量計(九州電力)
	電灯分電盤	分電盤 取付高さFL+2400

特記無き配線等は、下記の通りとする。

記号	名称・仕様	備考
A ○	LED7.4W エクステリアライト 玄関:1台	インターホン子機 パナソニック電工 WQD872B
	電球色(1個)、防雨型 熱線センサ付 明るさセンサ付 本体:アルミダイカスト(オフブラック) カバー:アクリル 点灯時間・点灯保持時間調整機能付 光源寿命40000時間(光束維持率70%) パナソニック電工 XLGEC106 LE1 定価:¥41,500	インターホン親機 パナソニック電工 WQH500W
B ○	FHF32W×1 埋込下面開放(環境配慮型) キッチン:1台 廊下:1台	けむ当番2種 露出型(端子式) (連動子器)
	ポールトリー(100〜242V)[PD除く] 本体:亜鉛鋼板(クロムレス) 反射板:鋼板(高反射制白色粉体塗装) PF9:初期照度補正機能付 埋込穴150×1235 埋込高H=103 エコ電線(塩化ビニルおよびハロゲン、鉛含まない)	ねつ当番 定温式 露出式 (100V端子式・連動親器)
C ○	LED シーリングライト 洋室:1台	直列ユニット FL+300
	色温(59個) カバー:アクリル(乳白つや消し)(ホワイト仕上) オートエコ調光 100%〜5%調光 光源寿命40000時間(光束維持率70%) パナソニック電工 LGBZ2100 定価:¥117,600	電話ノズルプレート FL+300
	公共施設型番:FRS15-321PH 分電盤 樹脂製	スライドボックス
		アウトレットボックス

(特記事項)

図中特記なき記号は下記による。

記号		
───	IV2.0×3	床埋蔵配管
───	IV2.0×3	天井埋蔵配管 (PF16)
───	VVF1.6-2C	(PF16) コロガシ 天井内伏せ
───	VVF1.6-3C	(PF16) コロガシ
───	VVF1.6-2C×2	コロガシ
───	VVF1.6-2C+3C	コロガシ
───	VVF2.0-3C	コロガシ 天井内伏せ
───	VVF2.0-3C	コロガシ
───	VVF2.0-2C	(PF22) コロガシ

(特記事項)

図中特記なき記号は下記による。

- 埋込スイッチ HF36W×1灯 下面開放
- 露出シーリング
- ブラケット(防湿型)
- 電話用アウトレット(壁付)
- 直列ユニット壁付 中間75Ω
- インターホン 親機壁付
- インターホン 子機
- 住宅用火災警報器 100V連動式
- 接地極 D種接地工事

電灯分電盤

ELCB3P 60AF-50AT 105V 100-200V
MCCB 2P 1E 20AT×4 システムキッチン・冷蔵庫コンセント
MCCB 2P 2E 20AT×2 洋室 ACコンセント
予備
予備
ET

工事名称	青年部新築電気設備工事
図面名称	凡例・姿図
尺度	NOT
日付	
備考	
製作者	青年 太郎

青年電業株式会社

材料名称	拾い出し数（回路順）(洋室のみ)					実数 a	補給率 (掛率) b	見積数 c＝a×b	材料単価 d	材料費 c×d	歩掛り e	工数 c×e
	①	②	③	④	⑤							
電灯コンセント設備												
IV2.0mm×3本（PF管内）												
VVF2.0mm-3C（ころがし）												
VVF2.0mm-2C（ころがし）												
VVF1.6mm-3C（ころがし）												
VVF1.6mm-2C（ころがし）												
VVF2.0mm-3C（PF管内）												
VVF1.6mm-3C（PF管内）												
VVF1.6mm-2C（PF管内）												
PF16（隠ぺい）												
PF22（隠ぺい）												
OB404（塗代付）102×102×44												
コンクリートボックス八角深95×75												
住宅用ボックス（標準形）1個用												
J.B（大）												
埋込型スイッチ（取付枠P共）●●L												
埋込型スイッチ（取付枠P共）●●3												
コンセント2P15A×2（取付枠P共）												
コンセント2P15A×2 ET（取付枠P共）												
コンセント2P15/20A EET（取付枠P共）												
防水コンセント2P15A×2抜止 EET												
照明器具 A LED7.4Wブラケット												
照明器具 B FSR15-321PH												
照明器具 C LEDシーリングライト												
								材料費小計				
								工数小計				人

労務費　　　　　人　×　　　　　円/人　＝　　　　　円
　　　　（工数小計）　　（労務単価）　　　（労務費）

キリトリ線

内 訳 明 細 書

1 電灯コンセント設備（洋室のみ）

	名　称	摘　要	数量	単位	単価	金額	備　考
1	照明器具 C	LEDシーリングライト		台			
2	電　線	IV 2.0mm × 3		m			PF, CD管内
3	ケーブル	VVF 2.0mm −3C		m			天井内ころがし
4	ケーブル	VVF 1.6mm −2C		m			天井内ころがし
5	ケーブル	VVF 2.0mm −3C		m			PF管・CD管内
6	ケーブル	VVF 1.6mm −2C		m			PF管・CD管内
7	合成樹脂製可とう電線管	PF-S 16		m			隠ぺい・コンクリート打込み
8	合成樹脂製可とう電線管	PF-S 22		m			隠ぺい・コンクリート打込み
9	付属品	PF管		式			(PF管材料価格×0.25)
10	アウトレットボックス	四角中浅 102×102×44		個			塗代付
11	コンクリートボックス	八角中深 95×75		個			塗代付
12	住宅用ボックス（標準形）	1個用		個			
13	埋込コンセント	2P15A×2		組			取付枠・樹脂プレート共
14	埋込コンセント	2P15/20A EET		組			取付枠・樹脂プレート共
15	防水コンセント	2P15A×2抜止 EET		組			
16	材料費計			式			
17	雑材消耗品						(材料全体×0.05)
18	計			式			
19	労務費	電工(17,700円×3工数)		式			
20	諸経費			式			10%
	合計						

キリトリ線

見積No　2096
作成日　　年　月　日

御 見 積 書

福岡県電工組青年部　　御中

御見積金額

工　事　名	青年邸新築電気設備工事（洋室のみ）
工事期間	年　月　日　～　　年　月　日
工事場所	福岡市内
支払条件	御打合せ
有効期限	発行日より3ヶ月

青年電業株式会社
代表取締役
〒
電　話
ＦＡＸ

付録の使い方

　本書では、付録の「電灯・コンセント設備平面図」「凡例・姿図」「数量表」「内訳明細書」「御見積書」を使います。

①それぞれの用紙を切り取ります。

　「電灯・コンセント設備平面図」「凡例・姿図」「数量表」「内訳明細書」「御見積書」それぞれの用紙を切り取ってください。

②それぞれの用紙をコピー

　何度も使いますので、それぞれの用紙をコピーしてください。原紙のほうは本書と一緒に大切に保管してください。

③拾い出しに使用！

　「電灯・コンセント設備平面図」は、三角スケール（「三角スケール」については本文で解説）を使って、拾い出し作業を行います。
　拾い出しを行うため、広い机で作業してください。

④記入して見積書作成！

　「数量表」「内訳明細書」「御見積書」を拾い出ししながら、順番に記入していきます。途中で計算もしますので、電卓を用意しておくと便利です。

拾って覚える！
実践 電気工事積算 入門

福岡県電気工事業工業組合 [編]

Ohmsha

本書を発行するにあたって，内容に誤りのないようできる限りの注意を払いましたが，本書の内容を適用した結果生じたこと，また，適用できなかった結果について，著者，出版社とも一切の責任を負いませんのでご了承ください．

本書は，「著作権法」によって，著作権等の権利が保護されている著作物です．本書の複製権・翻訳権・上映権・譲渡権・公衆送信権（送信可能化権を含む）は著作権者が保有しています．本書の全部または一部につき，無断で転載，複写複製，電子的装置への入力等をされると，著作権等の権利侵害となる場合があります．また，代行業者等の第三者によるスキャンやデジタル化は，たとえ個人や家庭内での利用であっても著作権法上認められておりませんので，ご注意ください．

本書の無断複写は，著作権法上の制限事項を除き，禁じられています．本書の複写複製を希望される場合は，そのつど事前に下記へ連絡して許諾を得てください．

出版者著作権管理機構
（電話 03-5244-5088，FAX 03-5244-5089，e-mail: info@jcopy.or.jp）

|JCOPY| ＜出版者著作権管理機構 委託出版物＞

はじめに

　電気工事業界においては、少子高齢化による人手不足や、現在政府主導で進められている「働き方改革」への対応もあり、働く人がより働きやすい場所にすべく、今までの我々の仕事を見直し、さまざまな業務の改善を行っていくことが急務となっています。

　それは、単に現場で行われる、施工や施工管理だけでなく、設計や積算業務においても同様のことが必要です。特に、新しく我々の業界に入ってくる方々が効率的に、それらの業務を習熟するための教育などの仕組みづくりは重要と考えます。

　福岡県電気工事業工業組合では、平成9年度から青年部が中心となって「初心者向け積算講習会」をスタートし、現在までに約40回実施しています。初心者に特化した内容が受講者の皆さまから評価を受け、九州各県からも出張講習の依頼を受けたり、講師育成を行ったりするほどになっています。

　この講習会では、都度アンケートを実施し、そのアンケートを反映したブラッシュアップを行い、初心者によりわかりやすい内容へと継続的に改善しています。特に自分の手で実際に拾い出しをしながら、積算を体験していただく講習スタイルは、受講者からも「わかりやすかった」との、高い評価を受けています。

　本書は、その講習会で行われる内容を一冊にまとめたものです。初めて積算を学ぶ方が、具体的に積算とはどのようなことを行うのか、すぐにイメージできるものとなっています。ぜひ、積算業務にこれから就かれる方、また初心者に教育を行う方、さらに今までやっていた積算の基本を見直す方にもご活用いただければ幸いです。

　最後に、本書を作成するにあたり、資料制作や原稿執筆に尽力された、福岡県電気工事業工業組合青年部諸氏、また出版に向けて、さまざまなアドバイスや編集作業を行われた、オーム社「電気と工事」編集長木本明宏氏に深く感謝の意を表します。

2018年7月

福岡県電気工事業工業組合　理事長
花元　英彰

拾って覚える！実践 電気工事積算入門

● 目　次

第1章　拾い出す前の 積算の基礎知識　1

1. 積算の重要性　……………………………………………………………… 2
2. 工事費とは　………………………………………………………………… 3
3. 直接工事費　………………………………………………………………… 4
4. 共 通 費　…………………………………………………………………… 5
    ①共通仮設費……5　②現場管理費……5　③一般管理費等……6
5. 見積書の作成方法　………………………………………………………… 7
    ①材工分離方式（一般）……7　②複合単価方式（官公庁）……9
6. 積算で知っておくべき用語　……………………………………………… 10
    （1）材　　料……10　（2）数　　量……11　（3）補　給　率……12
    （4）材料単価……13　（5）施　　工……13　（6）歩　掛　り……14
    （7）労務単価……14
7. 率 計 算　…………………………………………………………………… 15
    ①電線管用付属品……15　②雑材消耗品……16　③撤　去　費……16
8. 見積書の分類　……………………………………………………………… 17
    ①種目別内訳書（大明細）……17　②科目別内訳書（中明細）……17
    ③中科目別内訳書……17　④細目別内訳書（小明細・内訳明細書）……17
9. 見積書の完成　……………………………………………………………… 18
10. 積算を行う順番　…………………………………………………………… 19
11. 支給品と別途工事　………………………………………………………… 20

⑫ その他の費用 ……21

①機器接続費……21　②土工事・コンクリート工事……21
③機器搬入費……22　④裏ボックス……22

⑬ 産業廃棄物処理費・発生材引去金 ……23

①産業廃棄物処理費……23　②発生材引去金……23

⑭ 現場の実際と積算数量との比較 ……24

第2章 積算実践！実際の図面を拾い出してみよう！ 25

① 準備するもの ……26

①設 計 図……26　②数 量 表……26　③筆記用具……26
④三角スケール、キルビメーター……26
■三角スケールの使い方……27

② 事前に確認する事項 ……29

①特記仕様書……29　②その他の確認……29

③ 拾い出しの方法 ……31

①拾い出しの手順……31

④ 照明器具の電線・配管数量 ……33

①洋室照明器具からキッチンの照明器具までの電線および配管数量……33
②照明器具のボックスの拾い出し……35　③拾い出しのチェック……38

⑤ コンセント回路の電線数量の拾い出し ……39

①コンセントの電線・配管数量……39　②立面の電線数量……40
③コンセント間の電線数量……43　④立面の電線数量……45
■FL、SL、GL……50

⑥ 配線器具およびボックス類の拾い出し ……51

①ボックスの拾い出し……51　②配線器具の拾い出し……55
③専用回路の拾い出し……58　④裏ボックスおよび配線器具の計上……60

第3章 ここまでやって完成！見積書の作成　65

① 内訳明細書の作成 ……… 66
①数量表の計算……66　②実数の合算……67　③補給率……69
④材料費の計算……71　⑤歩掛り……74　⑥工数……76
⑦労務費の計算……77　⑧内訳明細書の記入……78

② 見積書の作成 ……… 87

第4章 まだまだレベルアップしたいあなたへ 積算で使う資料　89

① 積算で使われる資料 ……… 90
①「電気設備工事積算実務マニュアル」……90　②「月刊　建設物価」……91
③「〔月刊〕積算資料」……91　④「電気設備工事費の積算指針」……92

② 積算に必要な基準図書 ……… 93
①設備工事関連基準……93　②設備工事積算関連基準……95

③ 設計労務単価 ……… 96

④ 設計図と資料、実物材料の比較 ……… 97
①合成樹脂可とう電線管（PF管）……97
②600Vビニル絶縁ビニルシースケーブル平形（VVF）……99
③600Vビニル絶縁電線（IV）……101　④アウトレットボックス……103
⑤コンクリートボックス……105　⑥住宅用スイッチボックス……106
⑦埋込形コンセント……107

第1章

拾い出す前の積算の基礎知識

まず積算とは何か、なぜ重要なのか、どのようなことを行うのか、この章では積算の基礎的な知識を学びましょう。

第1章 拾い出す前の**積算の基礎知識**

積算の重要性

　まず、電気工事会社の運営をするためには、適正な利益を確保し、安定した受注活動を行わなければなりません。

　しかし、どのようにすれば、適正な利益を確保することができるのでしょうか。それは工事にかかる費用（工事費）を前もって知り、適正な利益を乗せて発注者に見積書を提出し、受注することによってなされます（**第1図**）。

　この「工事にかかる費用を前もって知る」作業が「積算」です。積算は、会社に必要な利益を生み出すための業務として、極めて重要なものと言えるでしょう。

　もし積算をしないで、工事を受注したらどうなるでしょうか？　受注に失敗する、もしくは適正な利益を出せなくなるかもしれません（**第2図**）。

第1図●積算の役割

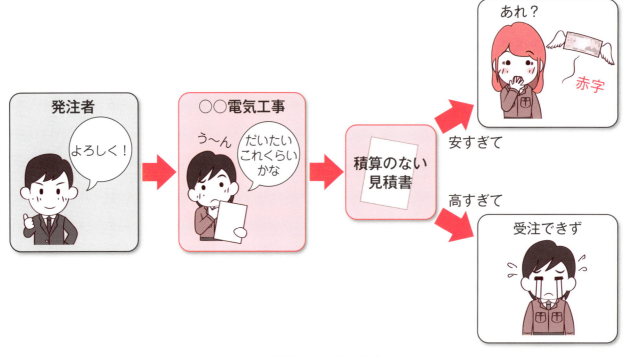

第2図●積算をしなかったら‥‥

2 工事費とは

積算で求める「工事費」の構成は、**第3図**のとおりです。

構 成

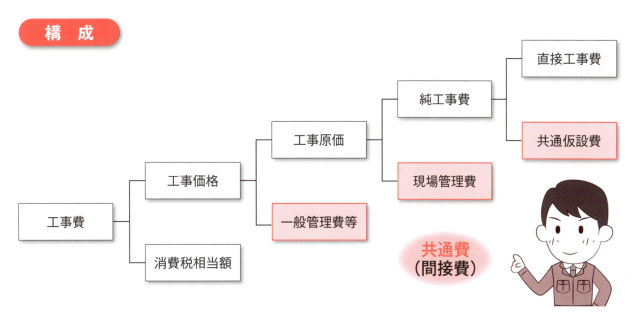

第3図●工事費の構成

工事費には、直接工事費と共通費があります。積算では、これらの工事費を積算して、見積書を作成していきます。

共通費には「一般管理費」、「現場管理費」、「共通仮設費」があります。

「直接工事費」と「共通費」の中身は、細かく分類することができます。それぞれの工事費が、どの分類に位置するかを知っておくと、スムーズに積算を進めることができます。

次の節では、「直接工事費」と「共通費」の分類を見てみましょう。

積算の意味　　　　　　　　　　　　　　　　　　　　　　　　　　　Column

積算は、工事を構成する費用を種別に積み上げて計算する、という意味があります。これに対して見積りは、発注者に提出できるよう、利益を乗せ、整えた状態にしたものを言います。

積算は、見積りの元となる「工事原価」を算出する作業と考えるとよいでしょう。

第1章 拾い出す前の**積算の基礎知識**

3 直接工事費

　工事目的物を造るために、直接必要とされる費用のことを言います。直接工事費を分類すると、「機器費」、「材料費」、「施工費」、「加工費」、「運搬費」、「土工費」、「足場損料」、「リース費」などに分類することができます（**第4図**）。

直接工事費
- ①機器費
  照明器具、分電盤、制御盤、受変電設備機器、発電設備機器、直流電源装置、通信・情報設備機器などの費用です。
- ②材料費
  配管材、電線やケーブル、配線器具などの費用です。
- ③施工費
  施工にかかる費用です。労務費と機械経費などに分類できます。
- ④加工費
  加工にかかる費用です。設置する設備などを加工する費用が含まれます。
- ⑤運搬費
  電気設備などを運搬する費用です。場内小運搬が含まれます。重量物や大型機器の基礎への仮置きなどは、搬入費として計上されます。
- ⑥土工費
  地面の掘削などにかかる費用です。
- ⑦足場損料
  足場のリース費用です。
- ⑧リース費
  工事に使う機械のリース費用です。

工事に直接かかる費用が「直接工事費」です！

第4図●直接工事費の分類

4 共 通 費

「共通仮設費」、「現場管理費」、「一般管理費」などを総称し、「共通費」と言います。官庁工事においては、それぞれを計上しますが、民間工事においては、共通費を一括して諸経費として計上することが一般的です。

①共通仮設費

建築電気設備のための仮設に必要な費用で、工事の施工を直接的、間接的に補助するための施設、用具類などです。直接工事費に対する比率で計算します（**第5図**）。

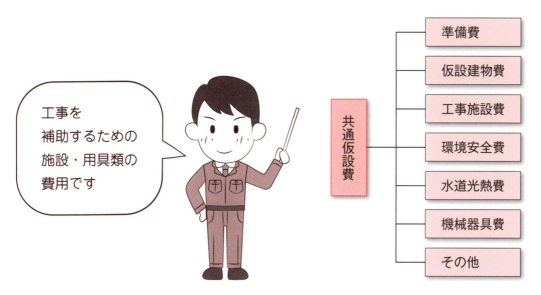

第5図●共通仮設費

②現場管理費

工事を管理するために必要な費用で、労務管理費、現場従業員給料手当、法定福利費、事務用品費などです。その工事の種別、工事規模、施工条件などを加味し、人員配置、安全管理、労務管理などを具体的に計画の上、その費用を算出し、計上するものです（**第6図**）。

純工事費に対する比率で計算します。

第6図●現場管理費

③一般管理費等

工事施工に当たる企業の継続運営に必要な費用であり、役員報酬、従業員給与手当、租税公課、保険料、事務所家賃などからなる一般管理費と付加利益であり、いわゆる会社経費です（**第7図**）。

工事原価に対する比率により算出します。

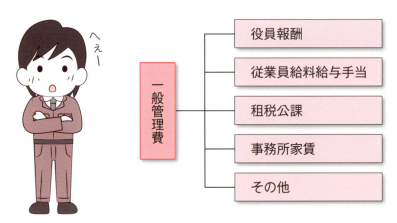

第7図●一般管理費

5 見積書の作成方法

　見積書の作成には、「材工分離方式」と「複合単価方式」の二つがあります。主に材工分離方式は、民間の一般工事で、複合単価方式は、官公庁の公共工事で使われる場合が多いです。

　カレーの製作費用で例えれば、カレー粉、玉ねぎ、ジャガイモ、ニンジン、豚肉などの材料費と人件費をそれぞれ求めて合算するのが「材工分離方式」。カレー一杯当たりの単価を求めて、その単価と出された量で掛け算して算出するのが「複合単価方式」と言えるでしょう。

①材工分離方式（一般）

　材料費と労務費を別々に算出する方式です。例えば100ｍの配管施工の配線部分（**第8図**）では、以下のような方法で求めます。

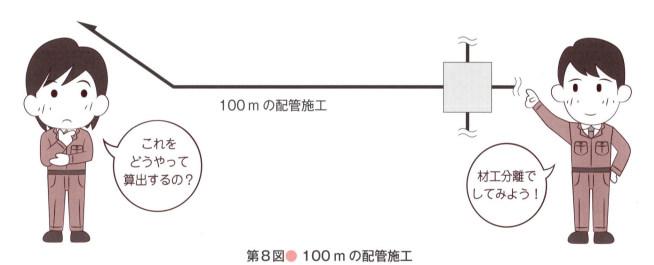

第8図 100ｍの配管施工

＜材料費＞

　　　　　材料　　　　数量　　補給率　　単価　　　材料費
電線 IV 2.0mm　100ｍ × 1.15 × 30円 ＝ 3,450円

＜労務費＞

　　　　　材料　　　施工　数量　　補給率　歩掛り　労務単価　　労務費
電線 IV 2.0mm　管内　100ｍ × 1.15 × 0.011 × 17,700 ＝ 22,390円

　材料費と労務費の合計で直接工事費を算出します。材工分離方式の内訳書は**第9図**のようになります。

　次章では、この「材工分離方式」で拾い出しを行います。

第1章 拾い出す前の積算の基礎知識

内訳書

項　目		数量	単位	単価	金額	備考
幹線・動力設備工事						
厚鋼電線管	GP 54m/m（隠蔽）	7	m	833	5,964	
同上付属品		1	式		1,491	
耐衝撃性硬質ビニル電線管	HIVE 42m/m（露出）	10	m	378	3,780	
同上付属品		1	式		1,134	
合成樹脂製可トウ電線管（一重）	PF-S 16m/m（隠蔽）	2	m	57	114	
同上付属品		1	式		29	
エントランスキャップ	GP 54m/m	1	個		2,900	
600Vビニル絶縁電線	IV 5.5□	12	m	66	792	
600Vビニル絶縁電線	IV 8□	3	m	93	279	
600V CVケーブル	CV 22□-3C	56	m	736	41,216	
600V CVTケーブル	CVT 38□	8	m	1,227	9,816	
引込開閉器盤	MS-1 屋外 SUS	1	面		120,000	
電灯分電盤	1L-1	1	面		150,000	
電灯分電盤	2L-1	1	面		120,000	
ポンプ制御盤		2	台		別途	
消耗品雑材		1	式		22,885	
電工費		1	式		201,000	
合計					682,400	

第9図●材工分離方式の内訳書

8

②複合単価方式（官公庁）

単位当たりの機材費、雑材料費、労務費を含んだ単価（複合単価）より算出します。配管や配線材料の複合単価には、補給数量という材料の余裕分（後述）を含んでいます。先ほどの100 mの配管施工では、次のようになります。

| 材料 | 施工 | 数量 | 複合単価 | 直接工事費 |

電線 IV 2.0 mm　管内　100 m × 270円 ＝ 27,000円

複合単価方式の内訳書は、**第10図**のようになります。

項　目		数量	単位	単価	金額	備考
幹線・動力設備工事						
厚鋼電線管	GP 54m/m（隠蔽）	7	m	5,470	38,290	
耐衝撃性硬質ビニル電線管	HIVE 42m/m（露出）	10	m	2,990	29,900	
合成樹脂製可トウ電線管（一重）	PF-S 16m/m（隠蔽）	2	m	660	1,320	
エントランスキャップ	GP 54m/m	1	個		2,900	
600Vビニル絶縁電線	IV 5.5㎡	10	m	340	3,400	
600Vビニル絶縁電線	IV 8㎡	3	m	410	1,230	
600V CVケーブル	CV 22㎡-3C	53	m	1,700	90,100	
600V CVTケーブル	CVT 38㎡	8	m	2,530	20,240	
引込開閉器盤	MS-1 屋外 SUS	1	面		135,000	
電灯分電盤	1L-1	1	面		209,000	
電灯分電盤	2L-1	1	面		166,000	
ポンプ制御盤		2	台		別途	
合　計					697,380	

第10図●複合単価方式の内訳書

なお、複合単価の中にある「その他」とは、下請経費および小器材損料などを示すもので、下請業者の経費を見込んでいることになります。

複合単価の算出法は以下のとおりです。

電線・ケーブル類 ＝（材料単価×補給率）＋（材料単価×補給率×雑材料率）＋
　　　　　　　　　労務単価×歩掛り＋その他

電　線　管　類 ＝（材料単価×補給率）＋（材料単価×付属品率）＋
　　　　　　　　（材料単価×補給率＋材料単価×付属品率）×
　　　　　　　　雑材料率＋労務単価×歩掛り＋その他

第1章 拾い出す前の積算の基礎知識

6 積算で知っておくべき用語

　積算で使われる用語は多くあります。どのような意味があるのかを知っておくと、積算資料を調べるときや内訳書の内容を聞かれたときに役立ちます。

（1）材　　料

　材料には大きく分けてA材（特材）とB材（一般材）があります。

● A材（特材）

　照明器具・分電盤・キュービクルなどの機器が該当します（**第11図**（a））。

● B材（一般材）

　電線・ケーブル・電線管・配線器具などの材料が該当します（第11図（b））。

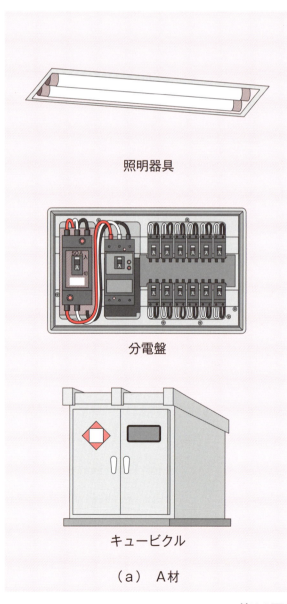

（a）　A材

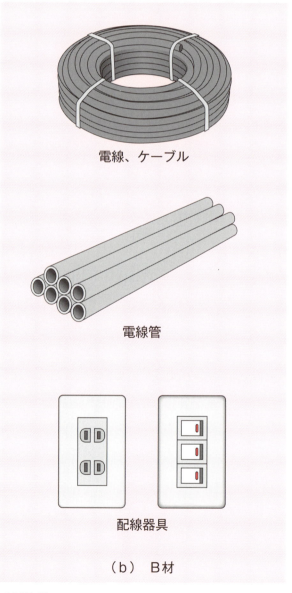

（b）　B材

第11図●A材／B材

（2）数　量

積算で使われる数量もいくつかの種類があります。

● **設計数量**

設計図書に明記されている機器、材料の台数、個数、設計図面を計測し、算出した配管や配線の正味数量のことです（**第12図**）。

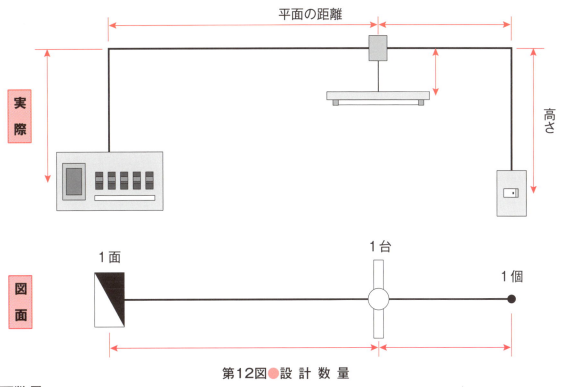

第12図●設　計　数　量

● **所要数量**

切り無駄、施工上必要な配管配線のたわみやロスを含んだ数量のことを言います。電気設備では設計数量にそれらを含んだ数量のことを言います（**第13図**）。

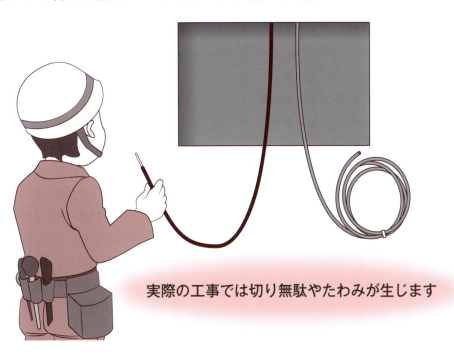

第13図●所　要　数　量

第1章 拾い出す前の積算の基礎知識

●計画数量

盤などの基礎、ハンドホール、地中埋設配管を設置する際に必要となる根切り（掘削）、埋戻しなどの土工数量のことを言います（**第14図**）。

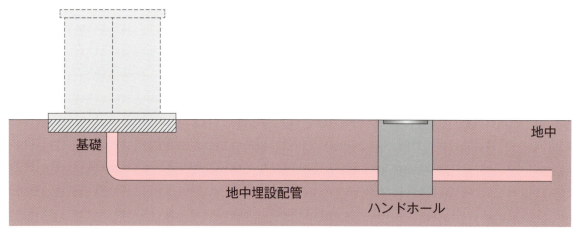

第14図●計　画　数　量

（3）補　給　率

電線やケーブルの切り無駄、施工上必要なたわみやロスを設計数量から所要数量を算出するための掛け率のことです（**第15図**）。

（例）　電線・ケーブル　1.05～1.15程度　　　配管材　1.05～1.1程度

分電盤やプルボックス、照明器具などは、数量が明確なので補給率が1になります。

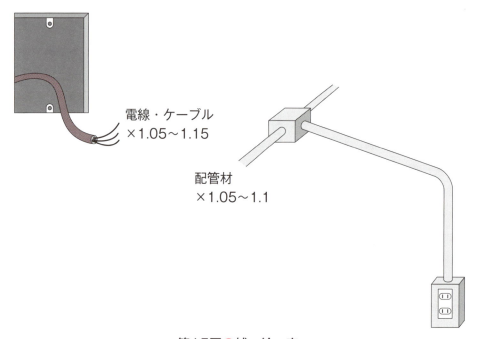

第15図●補　給　率

（4） 材料単価

照明器具・分電盤・配線器具・電線・ケーブルなどの材料の価格です。単価の算出法は、「建設物価による価格の参照」と「仕入業者の見積りによる算出」があります（**第16図**）。

電線・ケーブル価格が変わることもあります。その都度確認することが大切です。

また、機器の仕様、特注品であるか否かなどについて、さらに、確認数量の多い少ない、施工条件などを考慮し、過去の実績価格と比較することも必要になります。

〈建設物価による価格の参照〉　〈仕入業者の見積りによる算出〉

第16図●単価の算出方法

（5） 施　工

同じ材料を使用しても施工の種類が異なれば仕事の難易度が変わり、工事費用が変わってきます。以下のような施工があります（**第17図**）。

● 電線の施工法

管内入線・天井裏コロガシ・ケーブルラック配線など。

● 電線管の施工法

露出配管・隠ぺい配管・地中埋設配管など。

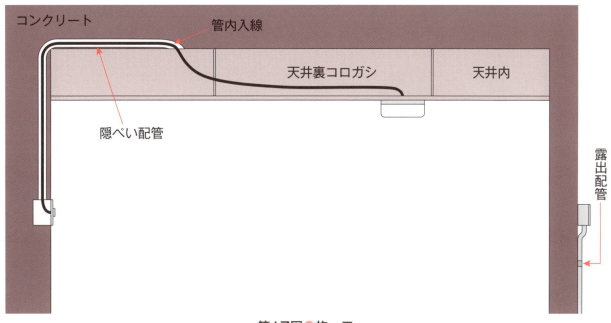

第17図●施　工

第1章 拾い出す前の積算の基礎知識

（6）歩掛り

ある作業を行う場合の単位数量または、ある一定の工事に要する作業手間ならびに作業日数を数値化したものです（第18図）。

（例）照明器具1台を取り付けるとき、電工1人で1時間かかる場合

　　　1日の労務時間8時間として 1/8 ＝ 0.125　←　歩掛り

歩掛りには、作業に必要な場内小運搬、墨出し、結線、試験、調整、後片付けなども含まれています。

第18図●歩 掛 り

（7）労務単価

国土交通省では、工事費の積算に用いる設計労務単価を決定するため、同省が所管する公共工事などに従事した労働者に対する賃金の支払い実態を、毎年定期的に調査し、公表しています（第19図）。

民間工事の場合では、諸条件において変わるものです。自社の必要な労務単価を把握することが重要となります。

第19図●労 務 単 価

7 率 計 算

　積算を行う場合、すべての材料を拾い出すのは大変です。このときに使うのが「率計算」です。拾い出した数量にいろいろな率を掛けて手間を省きます。また、撤去工事においては、新設工事の歩掛りに撤去率を掛けて計算します(**第20図**)。

　率計算が使われるものには、電線管用付属品、雑材消耗品、撤去費などがあります。

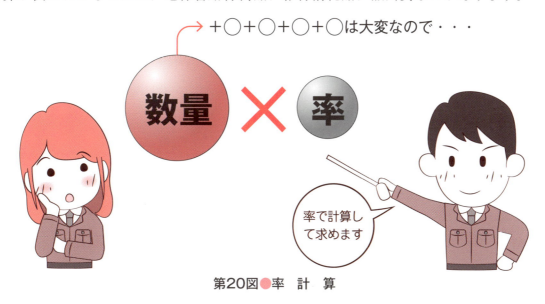

第20図●率 計 算

①電線管用付属品

　電線管を配管する場合、ボックスコネクタ・カップリング・ロックナット・ブッシングなど、さまざまな付属品が必要になってきます。これらを一個一個拾い出すことは大変です。そこで、電線管の長さに付属品率を掛けて、電線管付属品一式で計上します(**第21図**)。

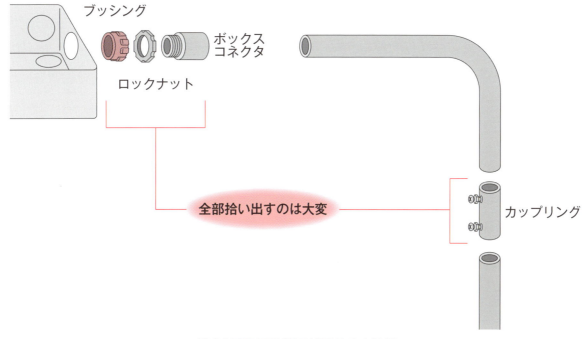

第21図●電線管用付属品の率計算

ただし、特種な接続材料(ユニバーサル、エントランスキャップ、異種管接続材など)は含まれていませんので、必要に応じて別途計上することになります。

● 電線管付属品率

　　厚鋼電線管(GP) ………………… 0.25
　　ねじなし電線管(EP) …………… 0.5
　　硬質ビニル電線管(VE) ………… 0.3
　　金属製可とう電線管 …………… 0.5
　　合成樹脂製可とう電線管(PF・CD) 0.25

②**雑材消耗品**

工事上必要となる材料や消耗品などで、単価が安価であったり、数量が少量で内訳書に計上しにくいものをまとめて雑材消耗品として扱い、材料価格(所要数量)に対する率で一括計上します(**第22図**)。

雑材料としては、電線コネクター、圧着スリーブ、ビニルテープ、ウェス、インシュロックなどがあります。雑材料率は、材料の種類(電線・ケーブル、分電盤、照明器具、配管材)により変わります。

第22図●雑材消耗品

③**撤　去　費**

撤去工事の積算は、歩掛りがあるもの以外は、新設工事の歩掛りに準拠します。この際、「撤去、廃棄処分」と「撤去、再使用」とに区分します(**第1表**)。廃棄処分品の場合、廃棄に要する費用は撤去費に含まれていませんので、別途計上します。再使用品の場合、仕様書において機材の点検、清掃、試験などを指定しているので、その費用を計上します。

第1表●撤去費の率計算

名　称	単　位	再使用する	再使用しない
電線・ケーブル・電線管	m	0.4	0.2
照明器具・配線器具	個	0.4	0.3
分電盤・端子盤	面	0.4	0.2
電　柱	本	0.6	0.3
地中線ケーブル	m	0.6	0.3
架　線	1径間	0.4	0.2

見積書の分類

見積書を作成する場合には、**第2表**のような分類ができます。

第2表●見積書の分類

項　　目	明細の種類
①種目別内訳書	大明細
②科目別内訳書	中明細
③中科目別内訳書	
④細目別内訳書	小明細・内訳明細書

①種目別内訳書（大明細）

通常、「○○電気工事　1式」などに該当します。

②科目別内訳書（中明細）

電気工事には、いろいろな種類があります。以下のような項目に分けて積算します。

＜項目例＞

- 構内外線
- 幹線動力設備
- 電灯コンセント設備
- 照明器具取付
- 換気扇設備
- 電話設備
- 拡声設備
- テレビ共同視聴設備
- インターホン設備
- 自動火災報知設備
- 防火戸・防排煙設備
- LAN設備
- ITV設備
- 防犯設備
- 出退表示設備
- ナースコール設備
- 避雷針設備

③中科目別内訳書

科目別の中に、さらに内訳を作る場合に使用します。例えば、電灯コンセント設備の中に1DKタイプ、2DKタイプ、3LDKタイプなどを分けて集計する場合です。もちろん、中科目がない見積書もあります。

④細目別内訳書（小明細・内訳明細書）

科目別内訳書の中身になります。ここに、拾い出した器材費や労務費を分類して記入し、集計します。明細の並べ方は特材、電線管類、電線・ケーブル、配線器具などの種類ごとに並べます。

順番については、各会社によって異なるので、自社のやり方でよいでしょう。ただし、労務費、土工費、運搬費などは、最後のほうに持ってくるのが通常です。

9 見積書の完成

見積書とは、積算を行った工事費に利益を乗せて、発注者に提示できる形にしたものです。

第23図が完成した見積書です。積算を実行して、最終的には、このような見積書の作成を行います。

御 見 積 書

見積番号 T34061108
平成 30 年 11 月 13日

福岡県電工組青年部 御中

下記の通り御見積申し上げます。
何卒御下命賜わりますようお願い申しあげます。

合 計 金 額 ¥7,634,520-

青 年 電 業 株 式 会 社

代表取締役 茂森宏一郎
〒812-0881 福岡市〇〇区〇〇△丁目×－×
TEL:092-〇〇〇-5305 FAX:092-〇〇〇-5385

現 場 名 中村邸新築電気設備工事
納 期
御 支 払 条 件 従来通り

項 目	数 量	単位	単 価	金 額	備 考
幹線・動力設備工事	1	式		661,000	
電灯ｺﾝｾﾝﾄ設備工事	1	式		880,000	
照明器具取付工事	1	式		2,180,000	
電話設備工事	1	式		237,000	
ｲﾝﾀｰﾎﾝ設備工事	1	式		238,000	
ﾃﾚﾋﾞ共聴設備工事	1	式		819,000	
LAN設備工事	1	式		85,000	
住宅用火災報知設備工事	1	式		59,000	
共 通 仮 設 費	1	式		204,000	
現 場 管 理 費	1	式		1,007,000	
一 般 管 理 費	1	式		699,000	
合 計				7,069,000	
消 費 税				565,520	
総 合 計				7,634,520	

第23図●完成した見積書

積算を行う順番

積算を行う順番は次のとおりです(民間工事)。

①発注者からの見積依頼 　提出期限、工事場所、工期などの情報を正確につかみます。	発注者 → ○○電気工事
②A材の見積依頼 　外注工事の見積依頼、A材(特材)の見積依頼を行います。	○○電気工事 → △△電材社
③拾い出しとB材の見積依頼 　B材の拾い出しを行います。B材の見積依頼を行います。	
④見積書入手 　依頼していた外注工事の見積書、A材(特材)の見積書、B材の見積書を入手します。	○○電気工事 ← 見積書 △△電材社
⑤見積書作成 　工事費を算出し、見積書を作成します。	
⑥見積書提出 　発注者に見積書を提出します。	発注者 ← 見積書 ○○電気工事

本書では、特に③の拾い出しを中心に、どのように見積りを行うかを解説します。

第1章 拾い出す前の**積算の基礎知識**

11 支給品と別途工事

　支給品とは、オーナーもしくは元請け会社などから支給されるものを言います。支給品は照明器具・分電盤などの特材がなることが多いです。

　この場合、取付けの労務費や雑材消耗品などを計上しなくてはいけません。記入例としては単価の欄を0円とし、備考の欄に支給品と書きます。

　自動火災報知設備（自火報）や弱電工事などの専門工事は通常、配線のみを施工し、その他を専門業者が施工します。この場合、労務費や雑材消耗品もかかりませんので単価も歩掛りも0となります。

　記入例としては、単価の欄を0円とし、備考の欄に別途と書きます（**第24図**）。

第24図●支給品と別途工事

12 その他の費用

①機器接続費

通常、照明器具や分電盤・配線器具の歩掛りには取付けとともに結線も含まれています。

しかし、空調室外機やポンプ・モーターなどの設備工事業者が設置する機器類にも、電源を接続する必要があります(第25図)。

その機器類に電源を接続する場合は、機器接続費を計上しなくてはいけません。

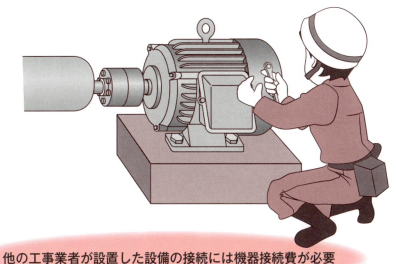

第25図●機器接続費

②土工事・コンクリート工事

土工事とは、配管などを埋設するために整地、根切り、埋戻し、残土処分などの土の処理のことを言います。

- 根切り‥‥‥数量は幅に長さと深さを乗じた体積。
- 埋戻し‥‥‥根切り数量から埋設物の体積を減じた数量。
  (ただし、200A以下の埋設配管類は減じない)
- 残土処分‥‥根切り数量から埋戻し数量を減じた数量。

コンクリート工事は、機器類の基礎、ハンドホールなどに適用するものです。区分は、コンクリート・モルタル・鉄筋・型枠に区分し計測します。コンクリート打設は生コンを人力打設によるものを標準とします(第26図)。

第26図●土工事とコンクリート工事

第1章 拾い出す前の積算の基礎知識

③機器搬入費

機器搬入費とは、トラッククレーン等を使用し、機器を現場敷地内の仮置場から設置場所の基礎の上に据付を行う費用のことを言います。機器の質量が単独で100kg以上のものに適用します（**第27図**）。

この費用は専門工事業者に見積りを依頼するのが一般的です。

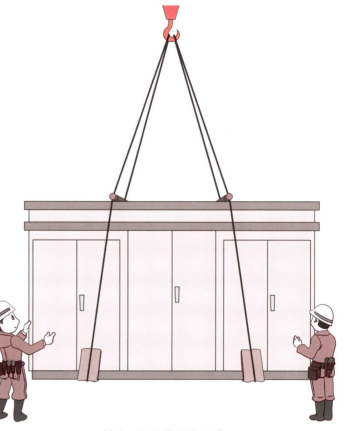

第27図●機器搬入費

④裏ボックス

スイッチ、コンセント、ローゼット、感知器などの機器には裏ボックスが必要です（**写真1**）。図面では描かれていませんので、計上することを忘れないように注意が必要です。

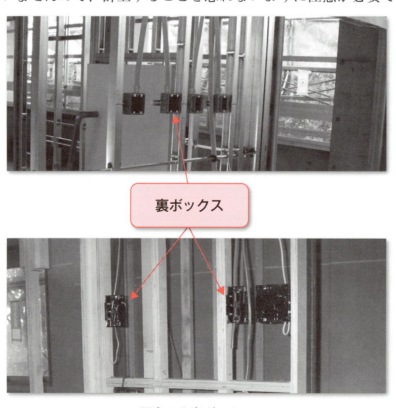

写真1●裏ボックス

13 産業廃棄物処理費・発生材引去金

現場での作業で発生する廃材は、有価物と廃棄物に分類されます。

①産業廃棄物処理費

廃棄物は産業廃棄物として、関係法規に従い適正に処分しなくてはいけません。この際に発生するのが、産業廃棄物処理費です（**第28図**）。運搬費を別計上する場合もあります。

また、下請けにこの処理を任せることは法律で禁止されています。また種別により、費用が異なるので注意が必要です。

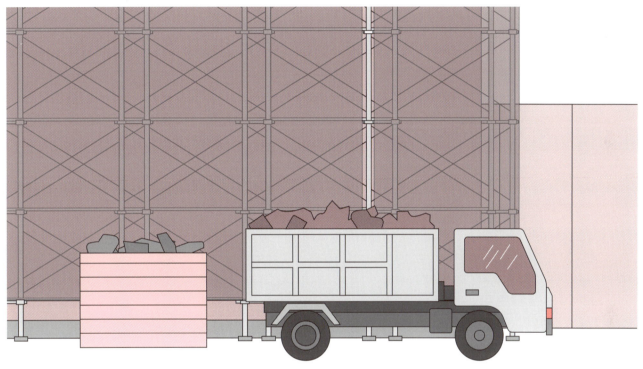

第28図●産業廃棄物処理費

②発生材引去金

撤去した電線・ケーブル類・鋼製電線管・SUS製プルボックスなどを有価物と言います。これらの値段を見積りから差し引く場合があります（**第29図**）。

これを発生材引去金として、見積り金額から差し引きます。

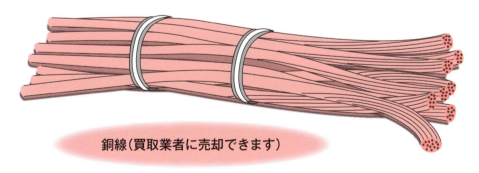

銅線（買取業者に売却できます）

第29図●発生材引去金

第1章　拾い出す前の**積算の基礎知識**

14 現場の実際と積算数量との比較

　積算業務を行ったら、見積書の作成だけで終わらず、受注した物件の積算数量が適正だったのか、現場で使用した材料などを精査しましょう。拾い出しと大幅に違うようでしたら、何が違ったのかを確認します。そうすることによって、積算業務のスキルアップができるのです（**第30図**）。

　さらに、最終的な工事原価と見積原価も精査しましょう。これらのデータを蓄積し、フィードバックすることで、より正確な積算が行えるようになります。

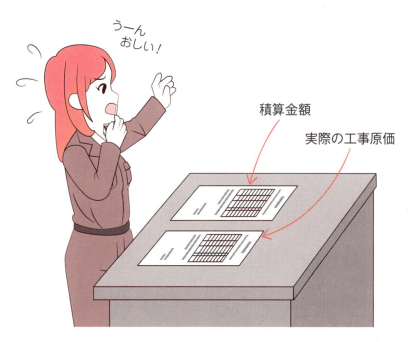

第30図●実際の数量や工事費と比較することによってスキルアップできる！

次はいよいよ実際の拾い出しをしましょう

第2章

積算実践！実際の図面を拾い出してみよう！

ここでは実際の「拾い出し」を体験しながら、積算で重要になる、拾い出しの基本を学んでみましょう。

第2章　積算実践！実際の図面を拾い出してみよう！

1 準備するもの

　それでは、ここで実際に拾い出しを体験してみましょう。必要になるものは、巻頭の設計図と数量表、筆記用具、三角スケール（キルビメーター）です。

①設 計 図
　ここでは巻頭にある設計図を使います。切取線で切って使用します（最後まで使うので、無くさないようにしてください）。実際の拾い出しでは、より複雑で枚数のある設計図から拾い出し作業を行いますが、基本は全く同じです。

②数 量 表
　設計図から拾い出した数量を記載するのが数量表です。

③筆記用具
　シャープペンシルと消しゴムなどの筆記用具を準備します。

④三角スケール、キルビメーター
　図面上の長さを実際の長さに変換して測る道具です。

●三角スケール
　断面が三角の形なので、このような名前が付けられています。「サンスケ」とも言います。図面に合わせた縮尺の目盛りを読めば、実際の寸法がわかるようになっています。直線部分の測定に使われます。

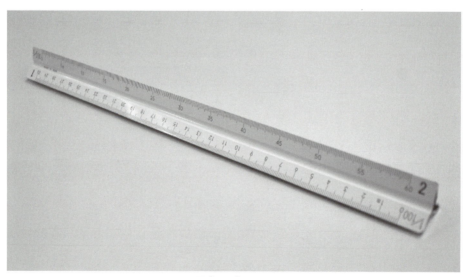

三角スケール

1. 準備するもの

■ 三角スケールの使い方

　三角スケールも用途によってさまざまな種類があります。電気工事の積算では「建築士用」と表記されているものを使います。

①今回の図面は 1/20 ですので、「1/20」と書かれている目盛りを使いましょう。

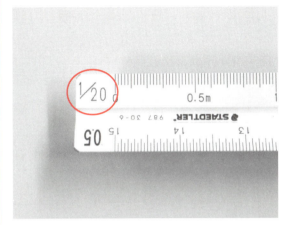

土木用もしくは
一般用は
1/200 を使い
10 倍します

②実際に縮尺が合っているか、寸法の書かれている長さと比較します。

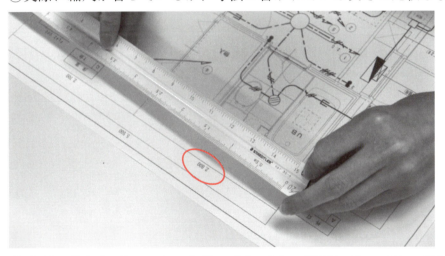

③確認が終われば、いよいよ拾い出しです。指示に従って拾い出しをしていきます。

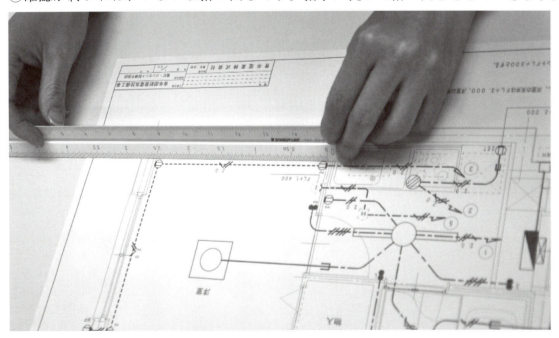

第2章 積算実践！実際の図面を拾い出してみよう！

● キルビメーター

キルビメーター

　図面上を転がしながら線をなぞることによって、その線の実際の長さを測るものです。電気設備図面では、ケーブル・電線の長さや配管の長さなどを計測することができます。

　ただし、縮尺を間違えると実際の寸法と大きくずれ、実際の工事費用と極端に変わります。縮尺が合っているかどうか、最初にしっかりと確認する必要があります。

1. 準備するもの／2. 事前に確認する事項

② 事前に確認する事項

①特記仕様書

特記仕様書とは、積算に使用する設計図書の一つです。特にその工事において、特有な事項が記載されています。今回の拾い出しでは省略しますが、実際の作業では、以下の点を確認します。

- 工事に関する仕様
- 施工範囲の確認
- 使用材料のメーカーの確認等

②その他の確認

設計図等からも以下の点を確認します。

● 配線、配管等の凡例や線種

> 設計図の照明姿図の（特記事項）に記載されています

(特記事項)			
図中特記なき記号は下記による。			
⫽⫽ 2.0 - - -	IV2.0×3	(PF16)	床隠ぺい配管
⫽⫽ 2.0	IV2.0×3	(PF16)	天井隠ぺい配管
— — — E	VVF1.6-2C	(PF16)	コロガシ　天井内伏せ
⫽ —	VVF1.6-3C		コロガシ
⫽⫽⫽ —	VVF1.6-2C×2		コロガシ
⫽⫽⫽⫽ —	VVF1.6-2C+3C		コロガシ
⫽⫽ 2.0 —	VVF2.0-3C		コロガシ
⫽⫽ 2.0 E	VVF2.0-3C	(PF22)	コロガシ　天井内伏せ
⫽⫽ 2.0 —	VVF2.0-2C		コロガシ

● スイッチ、コンセント、照明器具の取付高さおよび天井高

FL というのは、フロアレベルのことです。つまり仕上げ床からの高さを指します。なお図面上の表記は、すべて mm で表しますが、材料発注の単価は m なので、集計時には m に換算します。

第2章 積算実践！実際の図面を拾い出してみよう！

工事凡例
特記なき配線等は、下記の通りとする。

⊕	(1口コンセント)	125V15A（取付枠P共） コンセント　FL＋300
⊕₂	(2口コンセント)	125V15A×2（取付枠P共） コンセント　FL＋300
⊕ET	(ET付コンセント)	2P15×1　E極付 コンセント　FL＋400
⊕2ET	(2ET付コンセント)	2P15A×2　E極付 コンセント
⊕15/20A EET	(兼用コンセント)	15A・20A兼用埋込アース ターミナル付接地コンセント
⊕WP	(防水コンセント)	防水ダブルコンセント 2P15A×2抜止　EET
●●L	(スイッチ)	1P15A＋1P4A　ONピカ スイッチ　FL＋1,300
●●3	(スイッチ)	1P15A＋3W15A×1 スイッチ　FL＋1,300

「FL＋300」とは「仕上げ床から300mmの高さを中心にコンセントを取り付ける」ということです。

配線器具も表記されています

これらの確認が終わったら、いよいよ拾い出しです。

2. 事前に確認する事項／3. 拾い出しの方法

 # 拾い出しの方法

①拾い出しの手順

それでは、実際に洋室の拾い出しを行ってみます。まず始めに洋室の材料を拾い出します。

拾い出しをする洋室の図面は次のようになります。線に付いている①③④は回路番号です。赤く表示された部分を拾い出します。

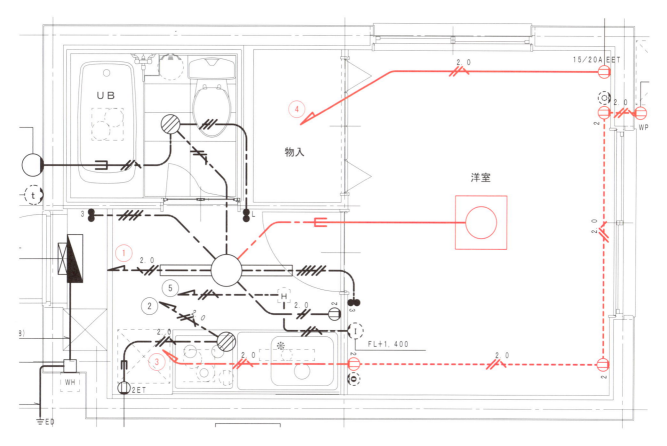

下の写真は、実際に工事をする現場です。

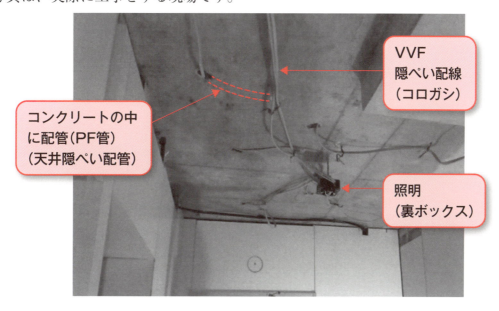

31

第2章 積算実践！実際の図面を拾い出してみよう！

　写真は工事の途中で、天井（二重天井）がまだ取り付けられていません。この状態で天井裏に配線（隠ぺい配線）をしていきます。完成後には見えなくなってしまう配線や配管を通る配線、さらに電線の通る電線管などの部材を拾い出していくわけです。

　写真のVVF隠ぺい配線（コロガシ）は、図面の ―・― の線です。コンクリートの中に配管がある（天井隠ぺい配管）ものは、図面の ―― の線となります。

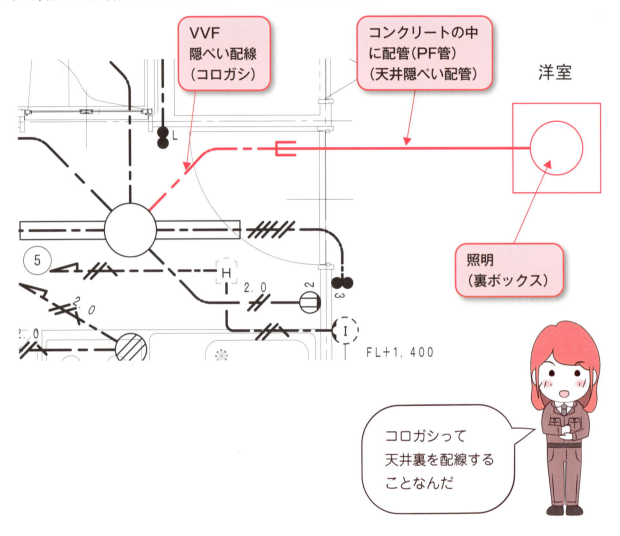

3. 拾い出しの方法／4. 照明器具の電線・配管数量

4 照明器具の電線・配管数量

①洋室照明器具からキッチンの照明器具までの電線および配管数量

それでは、前ページの図の洋室にある ◯ からキッチンにある ⊂◯⊃ までの、照明器具間の電線と配管の長さを求めましょう。

Point
- 配線の数量は、器具の中心（器具芯）から器具の中心までを計上する
- 管内とコロガシ配線は、分けて拾い出しをする（歩掛りが違うため）
- 管内配線は、ここでは直線で計上する
- 天井内のコロガシ配線を測る場合は、ここでは直角で測る

まず、電線管内の電線の長さを求めます。

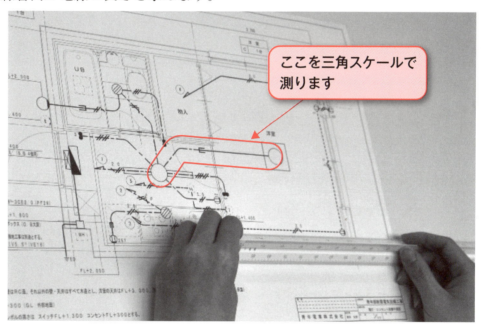

ここを三角スケールで測ります

いよいよサンスケの出番！

33

第2章 積算実践！実際の図面を拾い出してみよう！

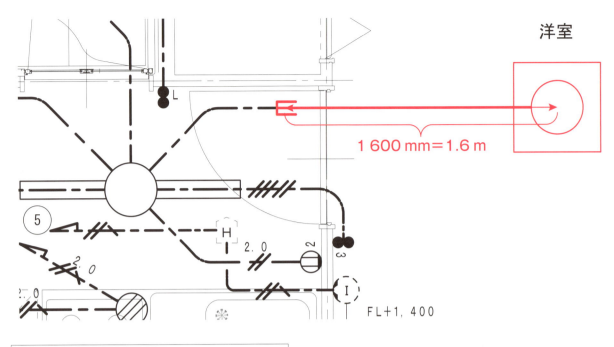

VVF 1.6mm-2C（管内）= 1.6m

「PF管16 1.6m」も忘れずに計上します。

次に天井裏に配線する（コロガシ）電線の長さを求めます。**Point**であったように「コロガシ配線」は直角で求めます。

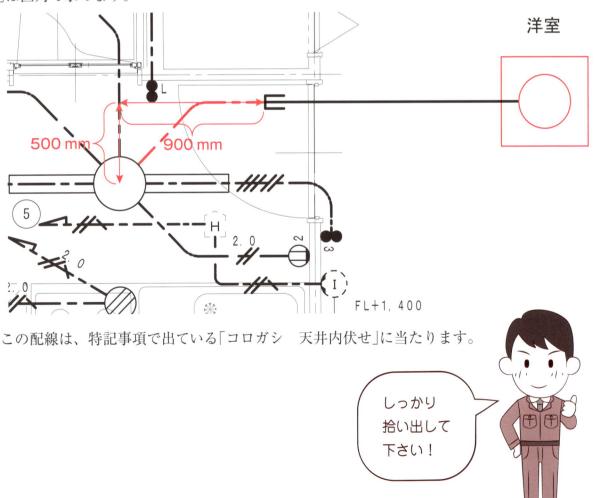

この配線は、特記事項で出ている「コロガシ　天井内伏せ」に当たります。

しっかり拾い出して下さい！

4. 照明器具の電線・配管数量

（特記事項）			
図中特記なき記号は下記による。			
⫽2.0 — — —	IV2.0×3	（PF16）	床隠ぺい配管
⫽2.0 —	IV2.0×3	（PF16）	天井隠ぺい配管
— — — E	VVF1.6-2C	（PF16）	コロガシ　天井内伏せ
⫽ —	VVF1.6-3C		コロガシ
⫽⫽ —	VVF1.6-2C×2		コロガシ
⫽⫽⫽ —	VVF1.6-2C+3C		コロガシ
⫽2.0 —	VVF2.0-3C		コロガシ
⫽2.0 — E	VVF2.0-3C	（PF22）	コロガシ　天井内伏せ
⫽2.0 —	VVF2.0-2C		コロガシ

VVF　1.6mm-2C（コロガシ）= 900mm + 500mm = 1400mm = 1.4m

それでは数量表に測った材料の数量を書き込みましょう。VVF1.6mm-2C（コロガシ）という項目と、VVF1.6mm-2C（PF管内）さらに、PF1.6（隠ぺい）の回路番号①の場所に数値を記入します。

材料名称	①		②	③		④	⑤
電灯コンセント設備							
IV2.0mm×3本（PF管内）							
VVF2.0mm-3C（コロガシ）							
VVF2.0mm-2C（コロガシ）							
VVF1.6mm-3C（コロガシ）							
VVF1.6mm-2C（コロガシ）							
VVF2.0mm-3C（PF管内）							
VVF1.6mm-3C（PF管内）							
VVF1.6mm-2C（PF管内）							
PF16（隠ぺい）							

拾い出し数（回路順）（洋室のみ）

ここに先ほどの数値をそれぞれ記入します。

②照明器具のボックスの拾い出し

電線の拾い出しは終わりましたが、洋室の照明にはコンクリート部分への取付けになるので、電線を接続するためにボックスが必要になります。

第2章　積算実践！実際の図面を拾い出してみよう！

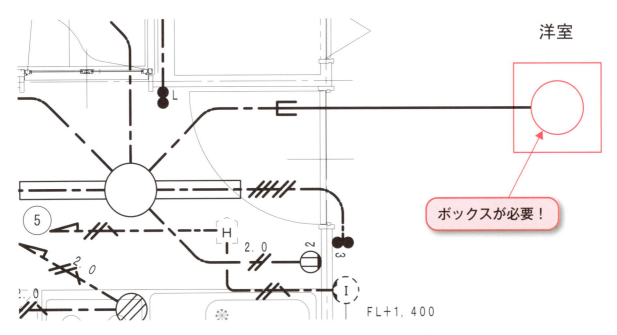

　実際のボックスは、写真のようになります。コンクリート打設後に、コンクリートの中に埋め込まれます。なお、ボックスにつながっている配管はPF管（もしくはCD管）です（コンクリート打設後に見えなくなります）。

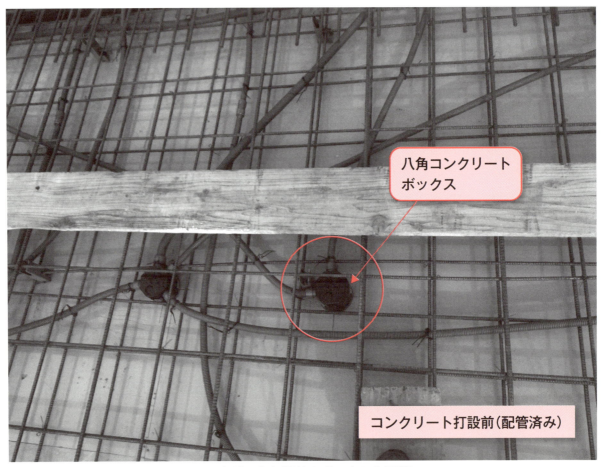

コンクリート打設前のボックスと配管

　洋室の照明はコンクリートに取付けなので、電線を接続するためにここでは「コンクリートボックス八角深95×75」を1個計上します。
　洋室の「照明器具C　LEDシーリングライト」を1台計上します。

4. 照明器具の電線・配管数量

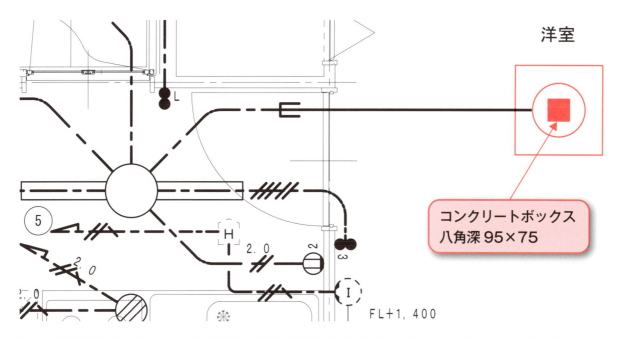

それでは数量表にボックスと照明の個数を書き込みましょう。コンクリートボックス八角深95×75を1個、照明器具C LEDシーリングライトを1台、それぞれ数値を書き込んでください。

材料名称	拾い出し数（回路順）（洋室のみ）										
	①			②		③			④	⑤	
電灯コンセント設備											
IV2.0mm×3本（PF管内）											
VVF2.0mm-3C（コロガシ）											
VVF2.0mm-2C（コロガシ）											
VVF1.6mm-3C（コロガシ）											
VVF1.6mm-2C（コロガシ）	1.4										
VVF2.0mm-3C（PF管内）											
VVF1.6mm-3C（PF管内）											
VVF1.6mm-2C（PF管内）	1.6										
PF16（隠ぺい）	1.6										
OB404（塗代付）102×102×44											
コンクリートボックス八角深95×75											
住宅用ボックス(標準形)1個用											
J.B(大)											
埋込型スイッチ(取付枠P共)●●L											
埋込型スイッチ(取付枠P共)●●3											
コンセント2P15A×2(取付枠P共)											
コンセント2P15A×2 ET(取付枠P共)											
コンセント2P15/20A E(取付枠P共)											
防水コンセント2P15A×2抜止 EET											
照明器具 A LED7.4Wブラケット											
照明器具 B FSR15-321PH											
照明器具 C LEDシーリングライト											

ここに個数をそれぞれ記入します。

第2章 積算実践！実際の図面を拾い出してみよう！

③拾い出しのチェック

拾い出しをしているうちに、どこまで拾い出しを行ったかがわからなくなる可能性があります。そのため、数量表に書き込んだあとに、図面の拾い出しが終わった所に必ずチェックを入れます。

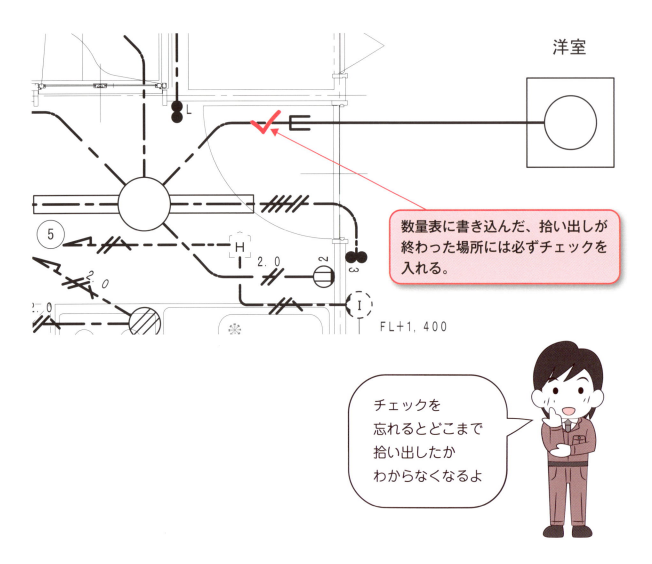

数量表に書き込んだ、拾い出しが終わった場所には必ずチェックを入れる。

チェックを忘れるとどこまで拾い出したかわからなくなるよ

4. 照明器具の電線・配管数量／5. コンセント回路の電線数量の拾い出し

コンセント回路の電線数量の拾い出し

①コンセントの電線・配管数量

次に洋室コンセント回路（③番回路）の電線数量を拾い出します。

> **Point**
> - 天井内の配線の数量は木造部分であるため、ここでは直角で測る
> - 床面からコンセントまでの立下がり分の数量を忘れずに！

まずは、分電盤からコンセントまでの平面の電線数量を拾っていきます。

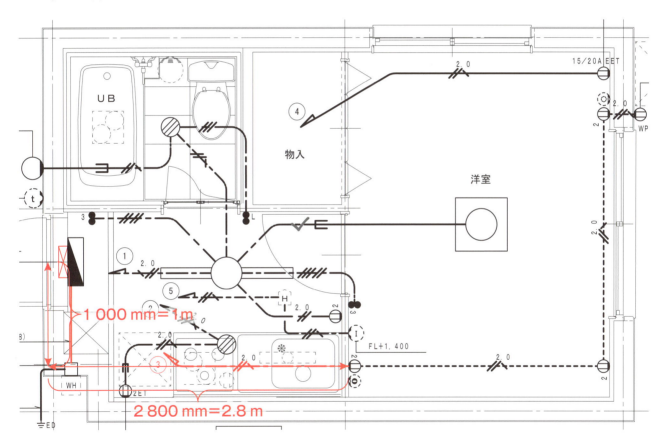

特記事項では、VVF2.0-3Cのコロガシになります。

⌐ は分電盤に行くことを示す記号です。これは、図面上でわかりやすくするための省略記号です。

ここでは、直角に配線したことを仮定して、拾い出しをしましょう。

コンセント回路はわたり線になっています

第2章 積算実践！実際の図面を拾い出してみよう！

（特記事項）			
図中特記なき記号は下記による。			
⟋⟋ 2.0 ─ ─ ─	IV2.0×3	（PF16）	床隠ぺい配管
⟋⟋ 2.0	IV2.0×3	（PF16）	天井隠ぺい配管
─ ─ E	VVF1.6-2C	（PF16）	コロガシ　天井内伏せ
⟋ ─	VVF1.6-3C		コロガシ
⟋⟋⟋ ─	VVF1.6-2C×2		コロガシ
⟋⟋⟋⟋ ─	VVF1.6-2C+3C		コロガシ
⟋⟋ 2.0 ─	VVF2.0-3C		コロガシ
⟋⟋ 2.0 E	VVF2.0-3C	（PF22）	コロガシ　天井内伏せ
⟋⟋ 2.0 ─	VVF2.0-2C		コロガシ

VVF　2.0mm-3C（コロガシ）　1m + 2.8m = 3.8m

②立面の電線数量

平面だけでなく、立面から見た距離も測ります。立面から見ると下図のような形になります。①左にある分電盤から天井裏に上がった配管aから配線が②コロガシbで真ん中の壁まで行き、③その壁cを通って④床下の配管dに入り床下を通ってコンセントに行きます。

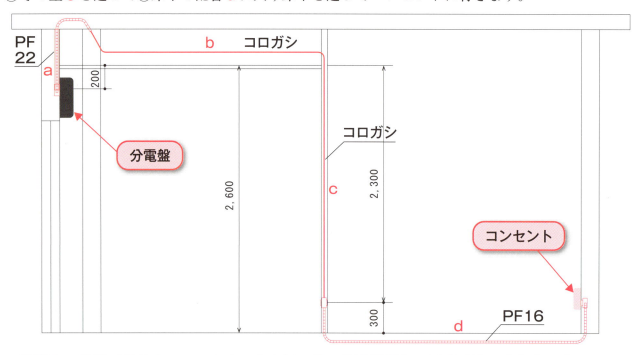

工事中の状態で見ると、コンクリートを打つ前の分電盤周りの写真は次のとおりです。

5. コンセント回路の電線数量の拾い出し

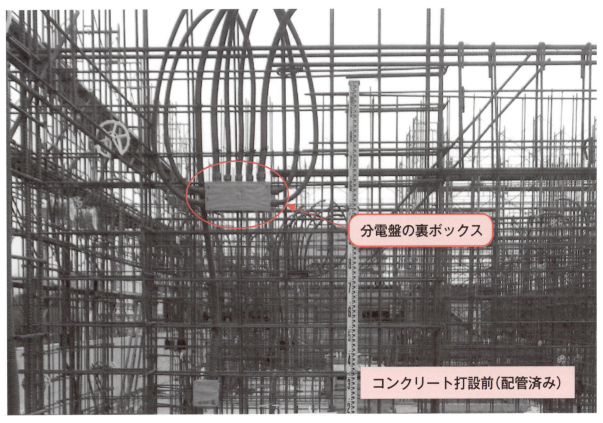

さらにコンクリートを打ち終わり、部屋の中の間仕切壁ができると、次の写真のような形になります。

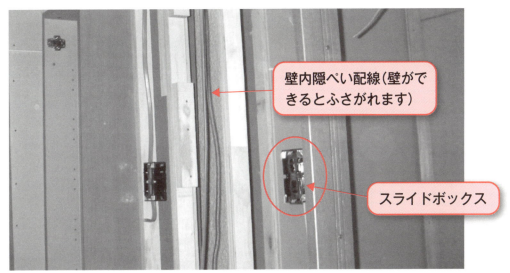

それでは、立面から見た距離も拾い出しをしましょう。

実際の工事もイメージしましょう

41

第2章 積算実践！実際の図面を拾い出してみよう！

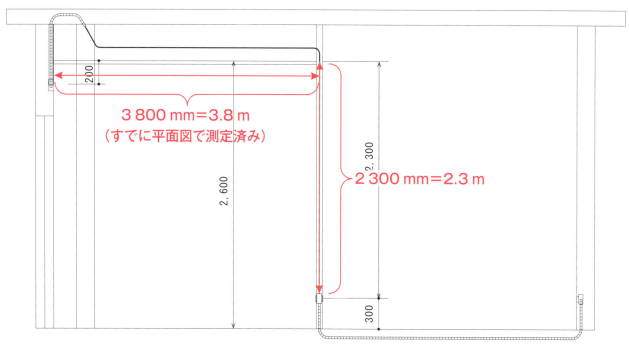

まずは、分電盤からコンセントまでの立面の電線数量を出し、平面の数量と合算します。

VVF2.0mm-3C（コロガシ）　3.8m + 2.3m = 6.1m

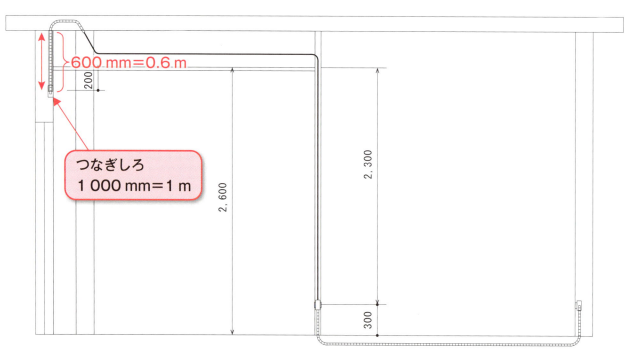

分電盤に入れるPF管　0.6mも忘れずに計上します。

VVF2.0mm-3C（PF管内）　0.6m

分電盤では、つなぎこむため、「つなぎしろ」を1m計上します。

VVF2.0mm-3C（コロガシ）　6.1m + 1m = 7.1m

拾い出した数量を数量表に書込みましょう。回路番号は③になります。

5. コンセント回路の電線数量の拾い出し

材料名称	拾い出し数(回路順)（洋室のみ）						
	①			②	③	④	⑤
電灯コンセント設備							
IV2.0mm×3本（PF管内）							
VVF2.0mm-3C（コロガシ）							
VVF2.0mm-2C（コロガシ）							
VVF1.6mm-3C（コロガシ）							
VVF1.6mm-2C（コロガシ）	1.4						
VVF2.0mm-3C（PF管内）							
VVF1.6mm-3C（PF管内）							
VVF1.6mm-2C（PF管内）	1.6						
PF16（隠ぺい）							
PF22（隠ぺい）							

数値をそれぞれ記入します。

③コンセント間の電線数量

次にコンセントからコンセントまでの平面の電線数量を拾い出します。

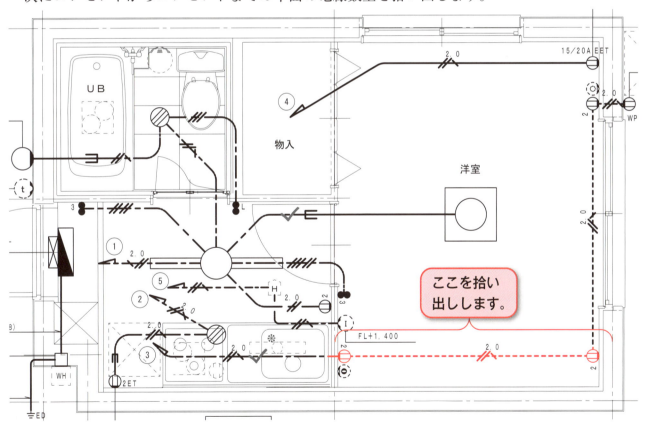

ここを拾い出しします。

Point

- 床隠ぺいの配管・配線の数量はコンクリート内であるため、直線で計る
- 床面からコンセントまでの立下がり分の数量を忘れずに！

床隠ぺい配管はコンクリート打設前に、次の写真のような配管を行います。

第2章 積算実践！実際の図面を拾い出してみよう！

コンクリート打設前の床隠ぺい配管

特記事項でも、床隠ぺい配管になりますので確認してください。

（特記事項）			
図中特記なき記号は下記による。			
⫽²·⁰ーーー	ＩＶ２．０×３	（ＰＦ１６）	床隠ぺい配管
⫽²·⁰	ＩＶ２．０×３	（ＰＦ１６）	天井隠ぺい配管
ーーーE	ＶＶＦ１．６－２Ｃ	（ＰＦ１６）	コロガシ　天井内伏せ
⫽ーー	ＶＶＦ１．６－３Ｃ		コロガシ
⫽⫽ー	ＶＶＦ１．６－２Ｃ×２		コロガシ
⫽⫽⫽ー	ＶＶＦ１．６－２Ｃ＋３Ｃ		コロガシ
⫽²·⁰	ＶＶＦ２．０－３Ｃ		コロガシ
⫽²·⁰E	ＶＶＦ２．０－３Ｃ	（ＰＦ２２）	コロガシ　天井内伏せ
⫽²·⁰ー	ＶＶＦ２．０－２Ｃ		コロガシ

それでは、図面から拾い出しをしてみましょう。

足元に電線が
あるのか‥‥

44

5. コンセント回路の電線数量の拾い出し

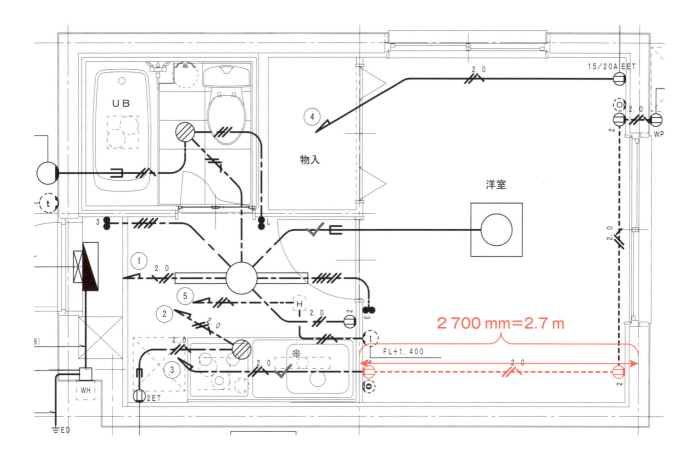

IV 2.0mm × 3本（PF管内）　2.7m

④立面の電線数量

配管立上りの高さの拾い出しを行います。

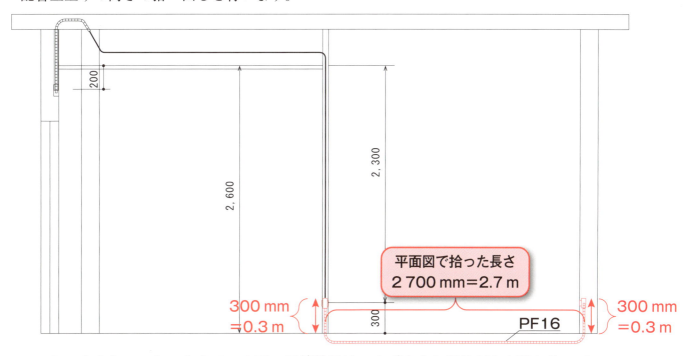

コンセントからコンセントまでの立面の電線数量は、まず立上り部分が2カ所あるので、

0.3m + 0.3m = 0.6m

45

第2章 積算実践！実際の図面を拾い出してみよう！

よって、平面と立面部を合わせて、

$$2.7\text{m} + 0.6\text{m} = 3.3\text{m}$$

また配管の長さも同じく、

$$\text{PF管 }16\phi \quad 3.3\text{m}$$

となります。

この結果を数量表に記入しましょう。回路番号は③になります。

材料名称	①		②	③		④	⑤
電灯コンセント設備							
IV2.0mm×3本（PF管内）							
VVF2.0mm-3C（コロガシ）				7.1			
VVF2.0mm-2C（コロガシ）							
VVF1.6mm-3C（コロガシ）							
VVF1.6mm-2C（コロガシ）	1.4						
VVF2.0mm-3C（PF管内）				0.6			
VVF1.6mm-3C（PF管内）							
VVF1.6mm-2C（PF管内）	1.6						
PF16（隠ぺい）							
PF22（隠ぺい）				0.6			
OB404（塗代付）102×102×44							
コンクリートボックス八角深95×75	1						
住宅用ボックス（標準形）1個用							
J.B（大）							
埋込型スイッチ（取付枠P共）●●L							
埋込型スイッチ（取付枠P共）●●3							

表の吹き出し：数値をそれぞれ記入します。

さらに、右にある壁のコンセント間の配線の長さを求めます。

書く場所を間違わないようにしましょう！

46

5. コンセント回路の電線数量の拾い出し

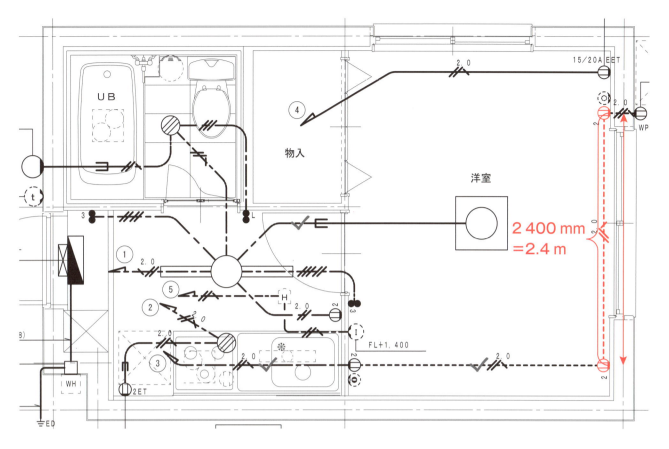

次のコンセントからコンセントまでの平面の電線数量は、

| IV 2.0mm × 3本(PF管内)　2.4m |

立面の長さも拾い出します。

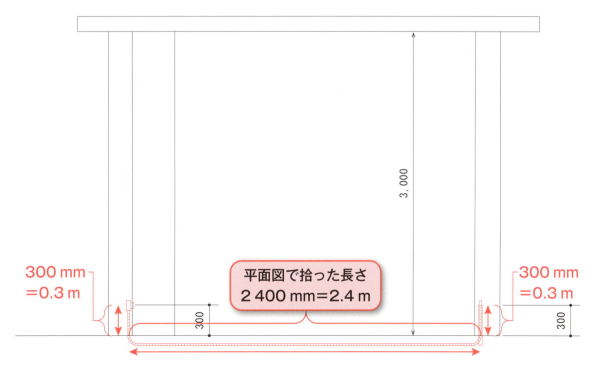

コンセントからコンセントまでの立面の電線数量を拾い出しします。立上り部分が2カ所あるので、

第2章 積算実践！実際の図面を拾い出してみよう！

$$0.3\,\mathrm{m} + 0.3\,\mathrm{m} = 0.6\,\mathrm{m}$$

よって、平面と立面部を合わせて、

$$2.4\,\mathrm{m} + 0.6\,\mathrm{m} = 3.0\,\mathrm{m} \quad よってPF管16は3.0\,\mathrm{m}$$

となります。

拾い出した数値を数量表に記入しましょう。

材料名称	拾い出し数（回路順）（洋室のみ）						
	①			②	③	④	⑤
電灯コンセント設備							
IV2.0mm×3本（PF管内）					3		
VVF2.0mm-3C（コロガシ）					7.1		
VVF2.0mm-2C（コロガシ）							
VVF1.6mm-3C（コロガシ）							
VVF1.6mm-2C（コロガシ）	1.4						
VVF2.0mm-3C（PF管内）					0.6		
VVF1.6mm-3C（PF管内）							
VVF1.6mm-2C（PF管内）	1.6						
PF16（隠ぺい）					3		

数値をそれぞれ記入します。

先ほど長さを出したコンセントから、さらに、次のコンセントに配管と配線がされています。その長さも求めてみましょう。

屋外のコンセントにも配線しましょう！

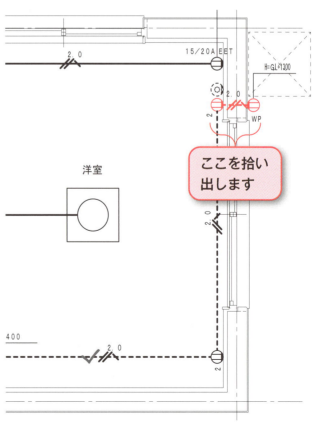

ここを拾い出します

5. コンセント回路の電線数量の拾い出し

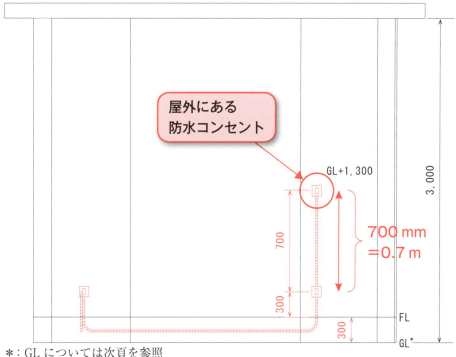

＊：GLについては次頁を参照

屋内のコンセントから屋外の防水コンセントまでの立面の電線数量は、立上り部分のみなので、

| IV2.0mm × 3本 | 0.7m |
| PF管16 | 0.7m |

となります。

拾い出した数値を数量表に記入しましょう。

材料名称	拾い出し数（回路順）（洋室のみ）								
	①			②		③		④	⑤
電灯コンセント設備									
IV2.0mm×3本（PF管内）						3.3	3.3		
VVF2.0mm-3C（コロガシ）						7.1			
VVF2.0mm-2C（コロガシ）									
VVF1.6mm-3C（コロガシ）									
VVF1.6mm-2C（コロガシ）	1.4								
VVF2.0mm-3C（PF管内）						0.6			
VVF1.6mm-3C（PF管内）									
VVF1.6mm-2C（PF管内）	1.6								
PF16（隠ぺい）	1.6					3.3	3.3		
PF22（隠ぺい）						0.6			

あとは配線器具とボックスです！

■ FL、SL、GL

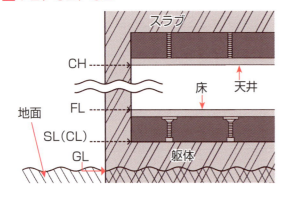

建築で高さの基準とするのが FL、SL、GL です。

FL は 29 頁でも出てきましたが、フロアレベルのことで仕上げ床の高さです。

SL はスラブレベルと言い、コンクリート打設時の床の高さを指します。床ができていない時に基準として使用します。

GL はグランドレベルと言い、地面の高さのことです。屋外に取り付けるコンセントやスイッチは GL を使います。

5. コンセント回路の電線数量の拾い出し／6. 配線器具およびボックス類の拾い出し

配線器具およびボックス類の拾い出し

次に、この回路の配線器具およびボックス類を拾っていきます。

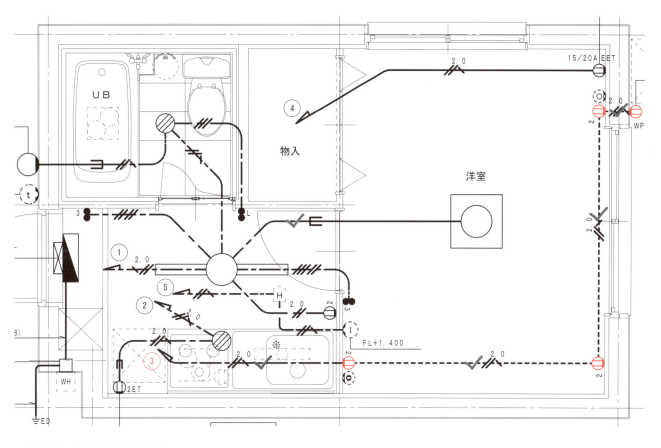

①ボックスの拾い出し

コンクリート部分のボックスはアウトレットボックスを使用します。③回路のコンクリート壁のボックスの数は3個です。

まずは
コンセント箇所の
ボックスです

51

第2章　積算実践！実際の図面を拾い出してみよう！

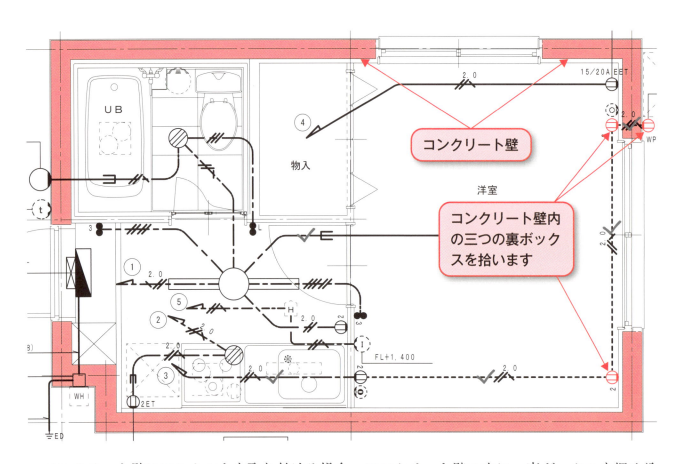

コンクリート壁にコンセントを取り付ける場合、コンクリート壁の中に、裏ボックスを埋め込みます。次の写真のような形で、コンクリート壁の骨組となる鉄筋に配管とともに設置され、型枠板でおおわれてコンクリートが流し込まれます。コンクリートが固まると、コンクリート壁の内部に埋め込まれた状態になります。

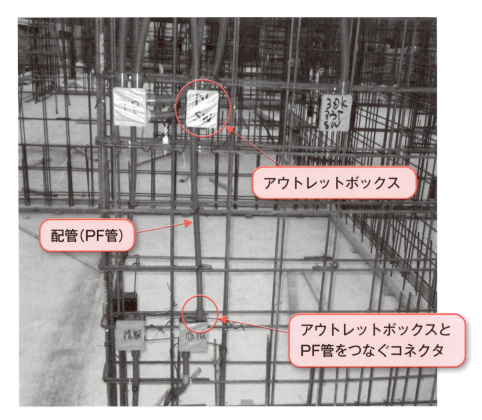

塗代は拾い出した数値を数量表に記入しましょう。

材料名称	拾い出し数（回路順）（洋室のみ）						実数
	①	②	③			④ ⑤	a
電灯コンセント設備							
IV2.0mm×3本（PF管内）			3.3	3.0	0.7		
VVF2.0mm-3C（コロガシ）			7.1				
VVF2.0mm-2C（コロガシ）							
VVF1.6mm-3C（コロガシ）							
VVF1.6mm-2C（コロガシ）	1.4						
VVF2.0mm-3C（PF管内）			0.6				
VVF1.6mm-3C（PF管内）							
VVF1.6mm-2C（PF管内）	1.6						
PF16（隠ぺい）	1.6		3.3	3.0	0.7		
PF22（隠ぺい）			0.6				
アウトレットボックス(塗代付)102×102×44	1						
コンクリートボックス八角深95×75							
住宅用ボックス（標準形）1個用							

数値を記入します。

次に❸回路の木造間仕切壁のボックスを拾い出します。木造間仕切壁は住宅用ボックス（標準形）1個になります。

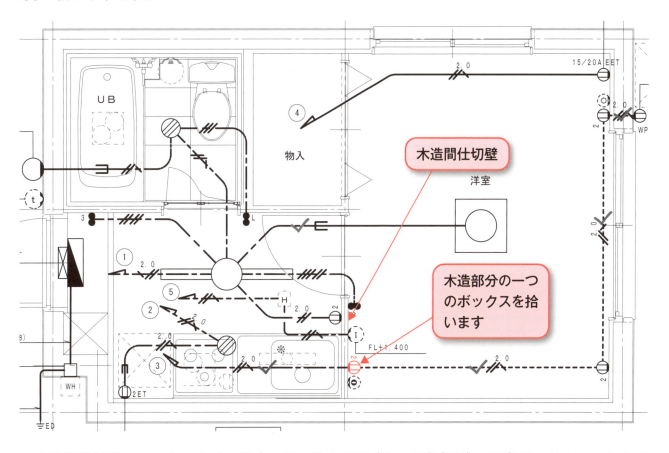

木造間仕切壁

木造部分の一つのボックスを拾います

木造間仕切壁のコンセントは、壁内の柱に取り付け（次の写真参照）、石膏ボードやベニヤなどの壁材でふさがれます。ふさがれた後は、コンセントやスイッチを取り付けられるように、穴あけ作業を行います。

第2章 積算実践！実際の図面を拾い出してみよう！

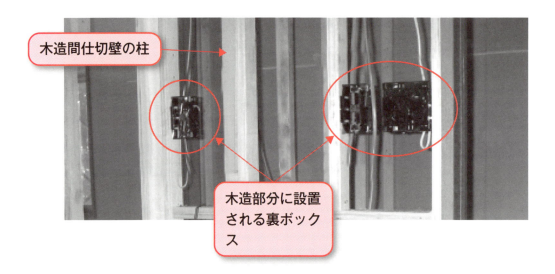

- 木造間仕切壁の柱
- 木造部分に設置される裏ボックス

③回路の木造間仕切壁のボックスの数は1個となりますので、数量表に記入していきます。

材料名称	拾い出し数（回路順）（洋室のみ）								実数
	①			②	③			④	⑤	a
電灯コンセント設備										
IV2.0mm×3本（PF管内）					3.3	3.0	0.7			
VVF2.0mm-3C（コロガシ）					7.1					
VVF2.0mm-2C（コロガシ）										
VVF1.6mm-3C（コロガシ）										
VVF1.6mm-2C（コロガシ）	1.4									
VVF2.0mm-3C（PF管内）					0.6					
VVF1.6mm-3C（PF管内）										
VVF1.6mm-2C（PF管内）	1.6									
PF16（隠ぺい）	1.6				3.3	3.0	0.7			
PF22（隠ぺい）					0.6					
OB404（塗代付）102×102×44					3					
コンクリートボックス八角深95×75	1									
住宅用ボックス（標準形）1個用										
J.B（大）										

数値を記入します。

②配線器具の拾い出し

次に配線器具を計上していきます。凡例・姿図を参照しながら、数えていきます。

③回路では「125V15A×2（取付枠P共）コンセント　FL＋300」が3カ所と「防水ダブルコンセント 2P15A×2抜止　EET」が1カ所と2種類の配線器具があることが確認できます。

工事凡例		特記なき配線等は、下記の通りとする。
⊕	▫	125V15A（取付枠P共）コンセント　FL＋300
⊕₂	▫▫	125V15A×2（取付枠P共）コンセント　FL＋300
⊕ET	▫	2P15×1　E極付コンセント　FL＋400
⊕2ET	▫	2P15A×2　E極付コンセント
⊕15/20A EET	▫	15A・20A兼用埋込アースターミナル付接地コンセント
⊕WP	▫	防水ダブルコンセント 2P15A×2抜止　EET
●●L	▫	1P15A＋1P4A ONピカスイッチ　FL＋1,300
●●3	▫	1P15A＋3W15A×1スイッチ　FL＋1,300

設計図の工事凡例から
取り付ける
配線器具の種類が
わかります

第2章 積算実践！実際の図面を拾い出してみよう！

図面で各々を示すと、以下のようになります。

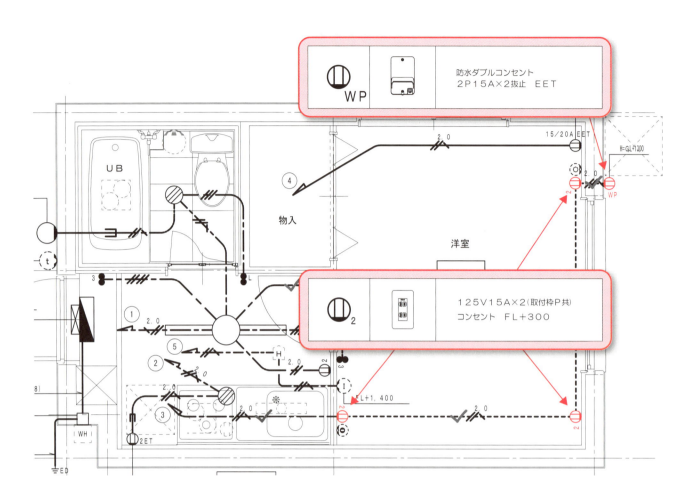

コンセントだけでも
いろいろな種類
があります

それら拾い出した配線器具を数量表に記入しましょう。

材料名称	拾い出し数（回路順）（洋室のみ）											実数
	①				②		③			④	⑤	a
電灯コンセント設備												
IV2.0mm×3本（PF管内）							3.3	3.0	0.7			
VVF2.0mm-3C（コロガシ）							7.1					
VVF2.0mm-2C（コロガシ）												
VVF1.6mm-3C（コロガシ）												
VVF1.6mm-2C（コロガシ）	1.4											
VVF2.0mm-3C（PF管内）							0.6					
VVF1.6mm-3C（PF管内）												
VVF1.6mm-2C（PF管内）	1.6											
PF16（隠ぺい）	1.6						3.3	3.0	0.7			
PF22（隠ぺい）							0.6					
OB404（塗代付）102×102×44							3					
コンクリートボックス八角深95×75	1											
住宅用ボックス(標準形)1個用												
J.B（大）												
埋込型スイッチ(取付枠P共)●●L												
埋込型スイッチ(取付枠P共)●●3												
コンセント2P15A×2(取付枠P共)												
コンセント2P15A×2 ET(取付枠P共)												
コンセント2P15/20A EET(取付枠P共)												
防水コンセント2P15A×2抜止 EET												

数値を記入します。

次は専用回路です！

第2章 積算実践！実際の図面を拾い出してみよう！

③専用回路の拾い出し

④番回路は洋室エアコンコンセントの専用回路になっています。この回路の拾い出しをしてみましょう。

まずコンセントから分電盤までの電線数量を拾い出します。最初に、平面部の数量を拾い出ししましょう。

特記事項では、天井隠ぺい配管なので直線で測ります。

(特記事項)			
図中特記なき記号は下記による。			
⫽⫽ 2.0 - - -	IV2.0×3	（PF16）	床隠ぺい配管
⫽⫽ 2.0 ———	IV2.0×3	（PF16）	天井隠ぺい配管
— — — E	VVF1.6-2C	（PF16）	コロガシ　天井内伏せ
⫽⫽ —	VVF1.6-3C		コロガシ
⫽⫽⫽	VVF1.6-2C×2		コロガシ
⫽⫽⫽⫽	VVF1.6-2C+3C		コロガシ
⫽⫽ 2.0	VVF2.0-3C		コロガシ
⫽⫽ 2.0 E	VVF2.0-3C	（PF22）	コロガシ　天井内伏せ
⫽⫽ 2.0 ———	VVF2.0-2C		コロガシ

では、図面でキルビメーターや三角スケールを使って測ってみましょう。

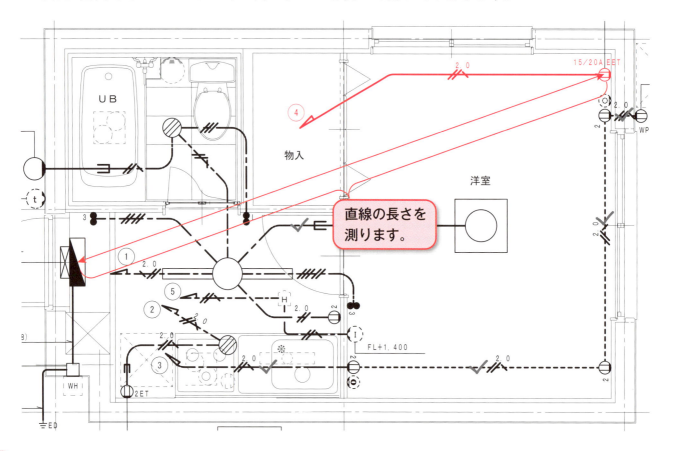

直線の長さを測ります。

測った値が5 500 mm（5.5 m）とすると、

$\boxed{\text{IV 2.0 mm × 3本(PF管内) = 5.5 m}}$

となります。平面部の長さは5.5 mになります。

次に、立面の電線数量を求めます。

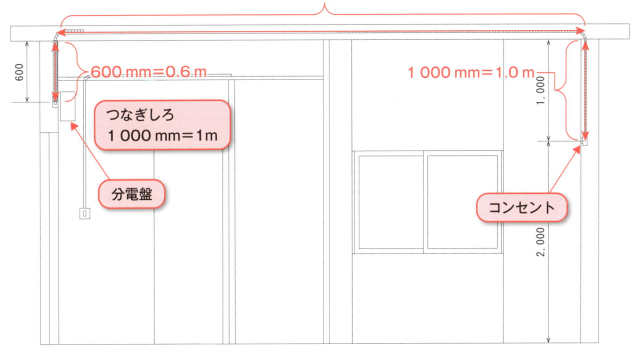

立上り部分は、コンセントまでの箇所で1 mとなります。分電盤までの箇所で0.6 mです。これにつなぎしろ1 mをすべて合算すると、

$\boxed{\text{IV 2.0 mm × 3本　1 m + 0.6 m + 1 m = 2.6 m}}$

となります。

平面部分と合わせて、

$\boxed{\text{5.5 m + 2.6 m = 8.1 m}}$

PF管16は「つなぎしろ」の1 mがないので7.1 m計上します。
拾い出した値を数量表に記入します。

第2章 積算実践！実際の図面を拾い出してみよう！

材料名称	拾い出し数（回路順）（洋室のみ）										実数
	①			②	③			④	⑤		a
電灯コンセント設備											
IV2.0mm×3本（PF管内）					3.3	3.0	0.7				
VVF2.0mm-3C（コロガシ）					7.1						
VVF2.0mm-2C（コロガシ）											
VVF1.6mm-3C（コロガシ）											
VVF1.6mm-2C（コロガシ）	1.4										
VVF2.0mm-3C（PF管内）					0.6						
VVF1.6mm-3C（PF管内）											
VVF1.6mm-2C（PF管内）	1.6										
PF16（隠ぺい）	1.6				3.3	3.0	0.7				
PF22（隠ぺい）					0.6						
OB404（塗代付）102×102×44					3						
コンクリートボックス八角深95×75	1										
住宅用ボックス（標準形）1個用					1						
J.B（大）											
埋込型スイッチ（取付枠P共）●●L											
埋込型スイッチ（取付枠P共）●●3											
コンセント2P15A×2（取付枠P共）					3						
コンセント2P15A×2 ET（取付枠P共）											
コンセント2P15/20A EET（取付枠P共）											
防水コンセント2P15A×2抜止 EET					1						

数値を記入します。

④裏ボックスおよび配線器具の計上

次に、裏ボックスおよび配線器具を計上していきます。凡例・姿図を参照しながら、数えていきます。

PF管の中だけの配線はIVを使います

6. 配線器具及びボックス類の拾い出し

工事凡例		特記なき配線等は、下記の通りとする。
⊕		125V15A(取付枠P共) コンセント FL+300
⊕₂		125V15A×2(取付枠P共) コンセント FL+300
⊕ET		2P15×1 E極付 コンセント FL+400
⊕2ET		2P15A×2 E極付 コンセント
⊕15/20A EET		15A・20A兼用埋込アース ターミナル付接地コンセント
⊕WP		防水ダブルコンセント 2P15A×2抜止 EET

　コンクリート部分なので、裏ボックスは「アウトレットボックス」1個になります。また、凡例により「コンセント 2P15/20A E（取付枠P共）」1個となります。

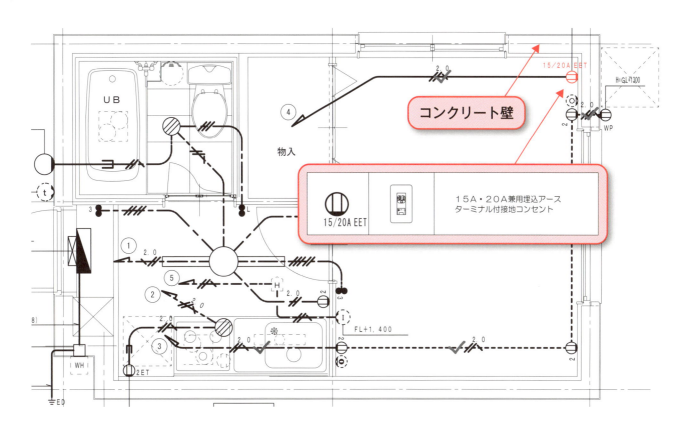

第2章 積算実践！実際の図面を拾い出してみよう！

拾い出したアウトレットボックスと配線器具の数量を記入します。

材料名称	拾い出し数（回路順）（洋室のみ）										実数
	①			②	③			④	⑤		a
電灯コンセント設備											
IV2.0mm×3本（PF管内）					3.3	3.0	0.7				
VVF2.0mm-3C（コロガシ）					7.1						
VVF2.0mm-2C（コロガシ）											
VVF1.6mm-3C（コロガシ）											
VVF1.6mm-2C（コロガシ）	1.4										
VVF2.0mm-3C（PF管内）					0.6						
VVF1.6mm-3C（PF管内）											
VVF1.6mm-2C（PF管内）	1.6										
PF16（隠ぺい）	1.6				3.3	3.0	0.7				
PF22（隠ぺい）					0.6						
OB404（塗代付）102×102×44					3						
コンクリートボックス八角深95×75	1										
住宅用ボックス（標準形）1個用					1						
J.B（大）											
埋込型スイッチ（取付枠P共）●●L											
埋込型スイッチ（取付枠P共）●●3											
コンセント2P15A×2（取付枠P共）					3						
コンセント2P15A×2 ET（取付枠P共）											
コンセント2P15/20A EET（取付枠P共）											
防水コンセント2P15A×2抜止 EET					1						

数値を記入します。

OBとはアウトレットボックスの頭文字なんだ‥‥

6. 配線器具及びボックス類の拾い出し

最後に、洋室に取り付けるLEDシーリングライトを拾います。

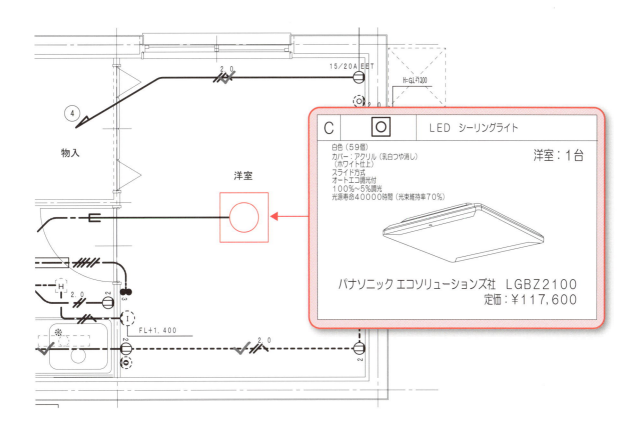

第2章 積算実践！実際の図面を拾い出してみよう！

照明の数量を記入します。

材料名称	拾い出し数（回路順）（洋室のみ）									実数
	①			②	③			④	⑤	a
電灯コンセント設備										
IV2.0mm×3本（PF管内）					3.3	3.0	0.7	8.1		
VVF2.0mm-3C（コロガシ）					7.1					
VVF2.0mm-2C（コロガシ）										
VVF1.6mm-3C（コロガシ）										
VVF1.6mm-2C（コロガシ）	1.4									
VVF2.0mm-3C（PF管内）					0.6					
VVF1.6mm-3C（PF管内）										
VVF1.6mm-2C（PF管内）	1.6									
PF16（隠ぺい）	1.6				3.3	3.0	0.7	7.1		
PF22（隠ぺい）					0.6					
OB404（塗代付）102×102×44					3			1		
コンクリートボックス八角深95×75	1									
住宅用ボックス(標準形)1個用					1					
J.B（大）										
埋込型スイッチ(取付枠P共)●●L										
埋込型スイッチ(取付枠P共)●●3										
コンセント2P15A×2(取付枠P共)					3					
コンセント2P15A×2 ET(取付枠P共)										
コンセント2P15/20A EET(取付枠P共)								1		
防水コンセント2P15A×2抜止 EET					1					
照明器具 A LED7.4Wブラケット										
照明器具 B FSR15-321PH										
照明器具 C LEDシーリングライト										

これで洋室の拾い出しが終わりました。

おつかれさまでした
ちょっと
コーヒーブレイク

第3章

ここまでやって完成！
見積書の作成

皆さんが拾い出した数量表を使って、見積書の作成までをしましょう。

内訳明細書

1 電灯コンセント設備（洋室のみ）

	名　称	摘　要	数量	単位	単価	金額	備考
1	照明器具 C	LEDシーリングライト	1	台		70,560	
2	電　線	IV 2.0mm×3	17.4	m	90	1,566	PF, CD管内
3	ケーブル	VVF 2.0mm-3C	7.8	m	119	928	天井内コロガシ
4	ケーブル	VVF 1.6mm-2C	1.5	m	40	60	天井内コロガシ
5	ケーブル	VVF 2.0mm-3C	0.7	m	155	109	PF管・CD管内
6	ケーブル	VVF 1.6mm-2C	1.8	m	53	95	PF管・CD管内
7	合成樹脂製可とう電線管	PF-S 16	15.7	m	57	986	隠ぺい・コンクリート打込み
8	合成樹脂製可とう電線管	PF-S 22	0.6	m	80	56	隠ぺい・コンクリート打込み
9	付属品	PF管	1	式		264	(PF管材料価格×0.25)
10	アウトレットボックス	四角中浅 102×102×44	4	個	150	600	塗代付
11	コンクリートボックス	八角中深 95×75	1	個		370	塗代付
12	住宅用ボックス（標準形）	1個用	1	個		70	
13	埋込コンセント	2P15A×2	3	組	230	690	取付枠・樹脂プレート共
14	埋込コンセント	2P15/20A EET	1	組		360	取付枠・樹脂プレート共
15	防水コンセント	2P15A×2抜止 EET	1	組		960	
16	材料費計					77,674	
17	雑材消耗品		1	式		3,884	(材料全体×0.05)
18						81,558	
19	労　務	電　工（17,700円×3工数）	1	式		53,100	
20	諸経費		1	式		13,466	10%
						148,124	

第3章 ここまでやって完成！見積書の作成

1 内訳明細書の作成

それでは、先ほど拾い出した洋室の器具・材料の数量を使って、見積書のベースとなる内訳明細書を作成してみましょう。

内訳明細書の作成では、先ほど拾い出した数量をベースに材料費、労務費を数量表に算出していきます。その数量表に出された数値を使って内訳明細書を作ります。最後にそれら金額を基に、お客さまに提出する見積書の作成となります。

内訳明細書の作成

①**数量表の計算**

それでは、先ほど記入した数量表と電卓、筆記用具を出してみてください。もし可能であれば、今年度の「電気設備工事積算実務マニュアル」などの積算資料があるとなお良いです（積算資料については次の章で説明します）。

まず数量表の右側を見ると、空白の項目が並んでいます。この項目を使って、それぞれの費用を出していきます*。

＊：使われている材料単価などはあくまで参考です。実際に積算するときには、最新の資料を確認します。

材料名称	拾い出し数（回路順）（洋室のみ）							実数	補給率（掛率）	見積数	材料単価	材料費	歩掛り
	①			②	③		④	⑤	a	b	c＝a×b	d	c×d	e
電灯コンセント設備														
IV2.0mm×3本（PF管内）					3.3	3.0	0.7	8.1						
VVF2.0mm-3C（コロガシ）					7.1									
VVF2.0mm-2C（コロガシ）														
VVF1.6mm-3C（コロガシ）														
VVF1.6mm-2C（コロガシ）	1.4													
VVF2.0mm-3C（PF管内）					0.6									
VVF1.6mm-3C（PF管内）														
VVF1.6mm-2C（PF管内）	1.6													
PF16（隠ぺい）	1.6				3.3	3.0	0.7	7.1						
PF22（隠ぺい）					0.6									
OB404（塗代付）102×102×44					3		1							
コンクリートボックス八角深95×75	1													
住宅用ボックス（標準形）1個用					1									
J.B（大）														
埋込型スイッチ（取付枠P共）●●L														
埋込型スイッチ（取付枠P共）●●3														
コンセント2P15A×2（取付枠P共）					3									
コンセント2P15A×2 ET（取付枠P共）														
コンセント2P15/20A EET（取付枠P共）							1							
防水コンセント2P15A×2抜止 EET					1									
照明器具 A LED7.4Wブラケット														
照明器具 B FSR15-321PH														
照明器具 C LEDシーリングライト	1													

この部分で計算します →

②実数の合算

まず、拾い出されたそれぞれの回路や分岐箇所の材料の実数を合算していきます。合算した数値は「実数」という項目に数値を記入します。

例えば上から1番目の項目の「IV2.0mm×3本（PF管内）」は③回路が3.3m、3.0m、0.7m、④回路が8.1mとなっています。

これらをすべて合算します。

> IV2.0mm×3本　3.3m＋3.0m＋0.7m＋8.1m＝15.1m

この値を「実数」の項目に記入します。同様にほかの「VVF2.0mm-3C（コロガシ）」、「VVF1.6mm-2C（コロガシ）」、「VVF2.0mm-3C（PF管内）」、「VVF1.6mm-2C（PF管内）」、「PF16（隠ぺい）」、「PF22（隠ぺい）」もそれぞれの長さを合算して「実数」の項目に記入しましょう。

第3章 ここまでやって完成！見積書の作成

材料名称	拾い出し数(回路順)(洋室のみ)								実数	補給率(掛率)	見積数	材料単価	材料費	歩掛り	工数
	①			②	③			④	⑤	a	b	c=a×b	d	c×d	e	c×e
電灯コンセント設備																
IV2.0mm×3本（PF管内）					3.3	3.0	0.7	8.1							
VVF2.0mm-3C（コロガシ）					7.1										
VVF2.0mm-2C（コロガシ）																
VVF1.6mm-3C（コロガシ）																
VVF1.6mm-2C（コロガシ）	1.4															
VVF2.0mm-3C（PF管内）					0.6											
VVF1.6mm-3C（PF管内）																
VVF1.6mm-2C（PF管内）	1.6															
PF16（隠ぺい）	1.6				3.3	3.0	0.7	7.1								
PF22（隠ぺい）					0.6											
OB404（塗代付）102×102×44					3			1								
コンクリートボックス八角深95×75	1															
住宅用ボックス（標準形）1個用					1											
J.B（大）																
埋込型スイッチ(取付枠P共)●●L																
埋込型スイッチ(取付枠P共)●●3																
コンセント2P15A×2（取付枠P共）					3											
コンセント2P15A×2 ET（取付枠P共）																
コンセント2P15/20A EET（取付枠P共）								1								
防水コンセント2P15A×2抜止 EET					1											
照明器具 A LED7.4Wブラケット																
照明器具 B FSR15-321PH																
照明器具 C LEDシーリングライト	1															

ここに記入します

　下の項目にある、「OB404（塗代付）102×102×44」、「コンクリートボックス八角深95×75」、「住宅用ボックス（標準形）1個用」、「コンセント2P15A×2（取付枠P共）」、「コンセント2P15/20A EET（取付枠P共）」、「防水コンセント2P15A×2抜止 EET」、「照明器具 C LEDシーリングライト」は、個数となります。これも個数を合算して右にある実数の項目に記入します。

拾い出したものを全部合算するんだ！

1. 内訳明細書の作成

材料名称	拾い出し数(回路順)(洋室のみ) ①			②	③			④	⑤	実数 a	補給率(掛率) b	見積数 c=a×b	材料単価 d	材料費 c×d	歩掛り e	工数 c×e
電灯コンセント設備																
IV2.0mm×3本 (PF管内)					3.3	3.0	0.7	8.1		15.1						
VVF2.0mm-3C (コロガシ)					7.1					7.1						
VVF2.0mm-2C (コロガシ)																
VVF1.6mm-3C (コロガシ)																
VVF1.6mm-2C (コロガシ)	1.4									1.4						
VVF2.0mm-3C (PF管内)					0.6					0.6						
VVF1.6mm-3C (PF管内)																
VVF1.6mm-2C (PF管内)	1.6									1.6						
PF16 (隠ぺい)	1.6				3.3	3.0	0.7	7.1		15.7						
PF22 (隠ぺい)					0.6					0.6						
OB404 (塗代付) 102×102×44					3			1								
コンクリートボックス八角深95×75	1															
住宅用ボックス(標準形)1個用					1											
J.B(大)																
埋込型スイッチ(取付枠P共)●●L																
埋込型スイッチ(取付枠P共)●●3																
コンセント2P15A×2(取付枠P共)					3											
コンセント2P15A×2 ET(取付枠P共)																
コンセント2P15/20A EET(取付枠P共)								1								
防水コンセント2P15A×2抜止 EET					1											
照明器具 A LED7.4Wブラケット																
照明器具 B FSR15-321PH																
照明器具 C LEDシーリングライト	1															

ここに記入します

③補給率

補給率とは、12頁でも説明したように、電線やケーブルの切り無駄、施工上必要なたわみやロスを算出するための掛け率です。

ここでは、「IV2.0mm×3本 (PF管内)」を1.15、「VVF2.0mm-3C (コロガシ)」、「VVF1.6mm-2C (コロガシ)」、「VVF2.0mm-3C (PF管内)」、「VVF1.6mm-2C (PF管内)」、「PF16 (隠ぺい)」、「PF22(隠ぺい)」を1.1として計算しましょう。

数量の明確なボックスや配線器具、照明器具は1とします。

記入で使う補給率

材 料	補給率	材 料	補給率
「IV2.0mm×3本 (PF管内)」	1.15	「OB404(塗代付)102×102×44」	1
「VVF2.0-3C (コロガシ)」	1.1	「コンクリートボックス八角深95×75」	1
「VVF1.6-2C (コロガシ)」	1.1	「住宅用ボックス(標準形)1個用」	1
「VVF2.0-3C (PF管内)」	1.1	「コンセント2P15A×2(取付枠P共)」	1
「VVF1.6-2C (PF管内)」	1.1	「コンセント2P15/20A E (取付枠P共)」	1
「PF16(隠ぺい)」	1.1	「防水コンセント2P15A×2抜止 EET」	1
「PF22(隠ぺい)」	1.1	「照明器具 C LEDシーリングライト」	1

第3章 ここまでやって完成！見積書の作成

それでは各項目の補給率を記入しましょう。

材料名称	拾い出し数(回路順)(洋室のみ)									実数	補給率(掛率)	見積数	材料単価	材料費	歩掛り	工数
	①			②	③			④	⑤	a	b	c＝a×b	d	c×d	e	c×e
電灯コンセント設備																
IV2.0mm×3本（PF管内）					3.3	3.0	0.7	8.1		15.1						
VVF2.0mm-3C（コロガシ）					7.1					7.1						
VVF2.0mm-2C（コロガシ）																
VVF1.6mm-3C（コロガシ）																
VVF1.6mm-2C（コロガシ）	1.4									1.4						
VVF2.0mm-3C（PF管内）					0.6					0.6						
VVF1.6mm-3C（PF管内）																
VVF1.6mm-2C（PF管内）	1.6									1.6						
PF16（隠ぺい）	1.6				3.3	3.0	0.7	7.1		15.7						
PF22（隠ぺい）					0.6					0.6						
OB404（塗代付）102×102×44					3			1		4						
コンクリートボックス八角深95×75	1									1						
住宅用ボックス（標準形）1個用					1					1						
J.B（大）																
埋込型スイッチ（取付枠P共）●●L																
埋込型スイッチ（取付枠P共）●●3																
コンセント2P15A×2（取付枠P共）					3					3						
コンセント2P15A×2 ET（取付枠P共）																
コンセント2P15/20A EET（取付枠P共）								1		1						
防水コンセント2P15A×2抜止					1					1						
照明器具 A LED7.4Wブラケット																
照明器具 B FSR15-321PH																
照明器具 C LEDシーリングライト	1									1						

※ ここに記入します

補給率の記入が終わったら、見積数を出します。見積数は、

　　実数 × 補給率

となります。実数と補給率を掛けて、右の見積数に記入してください。

補給率の意味を忘れそう…
12頁で確認しましょう！

1. 内訳明細書の作成

材料名称	拾い出し数（回路順）（洋室のみ）							実数 a	補給率（掛率）b	見積数 c=a×b	材料単価 d	材料費 c×d	歩掛り e	工数 c×e
	①		②	③		④	⑤							
電灯コンセント設備														
IV2.0mm×3本（PF管内）				3.3	3.0	0.7	8.1	15.1	1.15					
VVF2.0mm-3C（コロガシ）				7.1				7.1	1.1					
VVF2.0mm-2C（コロガシ）														
VVF1.6mm-3C（コロガシ）														
VVF1.6mm-2C（コロガシ）	1.4							1.4	1.1					
VVF2.0mm-3C（PF管内）				0.6				0.6	1.1					
VVF1.6mm-3C（PF管内）														
VVF1.6mm-2C（PF管内）	1.6							1.6	1.1					
PF16（隠ぺい）	1.6			3.3	3.0	0.7	7.1	15.7	1.1					
PF22（隠ぺい）				0.6				0.6	1.1					
OB404（塗代付）102×102×44				3		1		4	1					
コンクリートボックス八角深95×75	1							1	1					
住宅用ボックス（標準形）1個用				1				1	1					
J.B（大）														
埋込型スイッチ（取付枠P共）●●L														
埋込型スイッチ（取付枠P共）●●3														
コンセント2P15A×2（取付枠P共）				3				3	1					
コンセント2P15A×2 ET（取付枠P共）														
コンセント2P15/20A EET（取付枠P共）						1		1	1					
防水コンセント2P15A×2抜止 EET				1				1	1					
照明器具 A LED7.4Wブラケット														
照明器具 B FSR15-321PH														
照明器具 C LEDシーリングライト	1							1	1					

> ここに 実数 × 補給率 を記入します

④材料費の計算

　材料費は見積数と材料単価を掛けて求められます。材料単価は定期的に刊行されている積算用の資料などを利用しますが、ここでは、仮の値を入れておきましょう。次の表のとおりです。

ここで使う材料単価

材　料	材料単価	材　料	材料単価
「IV2.0mm×3本（PF管内）」	90	「OB404（塗代付）102×102×44」	150
「VVF2.0-3C（コロガシ）」	119	「コンクリートボックス八角深95×75」	370
「VVF1.6-2C（コロガシ）」	40	「住宅用ボックス（標準形）1個用」	70
「VVF2.0-3C（PF管内）」	119	「コンセント2P15A×2（取付枠P共）」	230
「VVF1.6-2C（PF管内）」	40	「コンセント2P15/20A E（取付枠P共）」	360
「PF16（隠ぺい）」	57	「防水コンセント2P15A×2抜止 EET」	960
「PF22（隠ぺい）」	80	「照明器具 C LEDシーリングライト」	70,560

第3章 ここまでやって完成！見積書の作成

それでは、各項目の材料単価を記入してみましょう。

材料名称	拾い出し数(回路順)(洋室のみ)						実数	補給率(掛率)	見積数	材料単価	材料費	歩掛り	工数
	①		②	③		④ ⑤	a	b	c = a×b	d	c×d	e	c×e
電灯コンセント設備													
IV2.0mm×3本（PF管内）				3.3	3.0	0.7　8.1	15.1	1.15	17.4				
VVF2.0mm-3C（コロガシ）				7.1			7.1	1.1	7.8				
VVF2.0mm-2C（コロガシ）													
VVF1.6mm-3C（コロガシ）													
VVF1.6mm-2C（コロガシ）	1.4						1.4	1.1	1.5				
VVF2.0mm-3C（PF管内）				0.6			0.6	1.1	0.7				
VVF1.6mm-3C（PF管内）													
VVF1.6mm-2C（PF管内）	1.6						1.6	1.1	1.8				
PF16（隠ぺい）	1.6			3.3	3.0	0.7　7.1	15.7	1.1	17.3				
PF22（隠ぺい）				0.6			0.6	1.1	0.7				
OB404（塗代付）102×102×44				3		1	4	1	4				
コンクリートボックス八角深95×75	1						1	1	1				
住宅用ボックス（標準形）1個用				1			1	1	1				
J.B（大）													
埋込型スイッチ（取付枠P共）●●L													
埋込型スイッチ（取付枠P共）●●3													
コンセント2P15A×2（取付枠P共）				3			3	1	3				
コンセント2P15A×2 ET（取付枠P共）													
コンセント2P15/20A EET（取付枠P共）						1	1	1	1				
防水コンセント2P15A×2抜止 EET				1			1	1	1				
照明器具　A　LED7.4Wブラケット													
照明器具　B　FSR15-321PH													
照明器具　C　LEDシーリングライト	1						1	1	1				

↑ ここに記入します

これらの数値から材料費を求めてみましょう。材料費の式は次のとおりです。

見積数　×　材料単価

式で求められた数値を「材料費」の項目に記入してください。なお小数点以下は四捨五入しています。

材料費は見積数と材料単価から求められるよ！

1. 内訳明細書の作成

材料名称	拾い出し数（回路順）（洋室のみ）								実数	補給率（掛率）	見積数	材料単価	材料費	歩掛り	工数
	①			②	③			④	⑤	a	b	c = a×b	d	c×d	e	c×e
電灯コンセント設備																
IV2.0mm×3本（PF管内）					3.3	3.0	0.7		8.1	15.1	1.15	17.4	90			
VVF2.0mm-3C（コロガシ）					7.1					7.1	1.1	7.8	119			
VVF2.0mm-2C（コロガシ）																
VVF1.6mm-3C（コロガシ）																
VVF1.6mm-2C（コロガシ）	1.4									1.4	1.1	1.5	40			
VVF2.0mm-3C（PF管内）					0.6					0.6	1.1	0.7	119			
VVF1.6mm-3C（PF管内）																
VVF1.6mm-2C（PF管内）	1.6									1.6	1.1	1.8	40			
PF16（隠ぺい）	1.6				3.3	3.0	0.7		7.1	15.7	1.1	17.3	57			
PF22（隠ぺい）					0.6					0.6	1.1	0.7	80			
OB404（塗代付）102×102×44					3			1		4	1	4	150			
コンクリートボックス八角深95×75	1									1	1	1	370			
住宅用ボックス（標準形）1個用					1					1	1	1	70			
J.B（大）																
埋込型スイッチ（取付枠P共）●●L																
埋込型スイッチ（取付枠P共）●●3																
コンセント2P15A×2（取付枠P共）					3					3	1	3	230			
コンセント2P15A×2 ET（取付枠P共）																
コンセント2P15/20A EET（取付枠P共）								1		1	1	1	360			
防水コンセント2P15A×2抜止 EET					1					1	1	1	960			
照明器具 A LED7.4Wブラケット																
照明器具 B FSR15-321PH																
照明器具 C LEDシーリングライト	1									1	1	1	70,560			

ここに 見積数 × 歩掛り を記入します

すべて記入が終わりましたら、材料費を合算して記入します。

どれくらい材料費がかかったかな‥‥

第3章 ここまでやって完成！見積書の作成

材料名称	拾い出し数(回路順)(洋室のみ) ①		②	③			④	⑤	実数 a	補給率(掛率) b	見積数 c=a×b	材料単価 d	材料費 c×d	歩掛り e	工数 c×e
電灯コンセント設備															
IV2.0mm×3本 (PF管内)				3.3	3.0	0.7	8.1		15.1	1.15	17.4	90	1,566		
VVF2.0mm-3C (コロガシ)				7.1					7.1	1.1	7.8	119	928		
VVF2.0mm-2C (コロガシ)															
VVF1.6mm-3C (コロガシ)															
VVF1.6mm-2C (コロガシ)	1.4								1.4	1.1	1.5	40	60		
VVF2.0mm-3C (PF管内)				0.6					0.6	1.1	0.7	119	83		
VVF1.6mm-3C (PF管内)															
VVF1.6mm-2C (PF管内)	1.6								1.6	1.1	1.8	40	72		
PF16 (隠ぺい)	1.6			3.3	3.0	0.7	7.1		15.7	1.1	17.3	57	986		
PF22 (隠ぺい)				0.6					0.6	1.1	0.7	80	56		
OB404 (塗代付) 102×102×44				3			1		4	1	4	150	600		
コンクリートボックス八角深95×75	1								1	1	1	370	370		
住宅用ボックス(標準形)1個用				1					1	1	1	70	70		
J.B(大)															
埋込型スイッチ(取付枠P共) ●●L															
埋込型スイッチ(取付枠P共) ●●3															
コンセント2P15A×2 (取付枠P共)				3					3	1	3	230	690		
コンセント2P15A×2 ET (取付枠P共)															
コンセント2P15/20A EET (取付枠P共)							1		1	1	1	360	360		
防水コンセント2P15A×2抜止 EET				1					1	1	1	960	960		
照明器具 A LED7.4Wブラケット															
照明器具 B FSR15-321PH															
照明器具 C LEDシーリングライト	1								1	1	1	70,560	70,560		
		労務費	2.377 人 (工数小計)		円/人 × (労務単価)		円 = (労務費)					材料費小計 工数小計				

ここに材料費を合算して記入します

これで洋室の材料費の積算は終わりました。次は労務費を求めましょう。

⑤ 歩掛り

歩掛りとは、14頁にも書かれているように、ある作業を行うための単位数量、またはある一定の工事に要する作業手間ならびに作業日数を数値化したものです。

これも本来なら、積算用の資料を使いますが、次の表を基に歩掛りを記入してください。もしも積算資料をお持ちでしたら、それらを使っても良いでしょう。

ここで使う歩掛り

材　料	歩掛り	材　料	歩掛り
「IV2.0mm×3本（PF管内）」	0.0297	「OB404（塗代付）102×102×44」	0.1
「VVF2.0-3C（コロガシ）」	0.017	「コンクリートボックス八角深95×75」	0.1
「VVF1.6-2C（コロガシ）」	0.01	「住宅用ボックス（標準形）1個用」	0.1
「VVF2.0-3C（PF管内）」	0.0189	「コンセント2P15A×2（取付枠P共）」	0.054
「VVF1.6-2C（PF管内）」	0.0117	「コンセント2P15/20A EET（取付枠P共）」	0.08
「PF16（隠ぺい）」	0.031	「防水コンセント2P15A×2抜止　EET」	0.093
「PF22（隠ぺい）」	0.041	「照明器具　C　LEDシーリングライト」	0.178

それでは、各項目の歩掛りを記入してみましょう。

材料名称	拾い出し数（回路順）（洋室のみ） ①		②	③			④	⑤	実数 a	補給率（掛率）b	見積数 c=a×b	材料単価 d	材料費 c×d	歩掛り e	工数 c×e
電灯コンセント設備															
IV2.0mm×3本（PF管内）				3.3	3.0	0.7	8.1		15.1	1.15	17.4	90	1,566		
VVF2.0mm-3C（コロガシ）			7.1						7.1	1.1	7.8	119	928		
VVF2.0mm-2C（コロガシ）															
VVF1.6mm-3C（コロガシ）															
VVF1.6mm-2C（コロガシ）	1.4								1.4	1.1	1.5	40	60		
VVF2.0mm-3C（PF管内）			0.6						0.6	1.1	0.7	119	83		
VVF1.6mm-3C（PF管内）															
VVF1.6mm-2C（PF管内）	1.6								1.6	1.1	1.8	40	72		
PF16（隠ぺい）	1.6			3.3	3.0	0.7	7.1		15.7	1.1	17.3	57	986		
PF22（隠ぺい）			0.6						0.6	1.1	0.7	80	56		
OB404（塗代付）102×102×44			3			1			4	1	4	150	600		
コンクリートボックス八角深95×75	1								1	1	1	370	370		
住宅用ボックス（標準形）1個用			1						1	1	1	70	70		
J.B（大）															
埋込型スイッチ（取付枠P共）●●L															
埋込型スイッチ（取付枠P共）●●3															
コンセント2P15A×2（取付枠P共）			3						3	1	3	230	690		
コンセント2P15A×2 ET（取付枠P共）															
コンセント2P15/20A EET（取付枠P共）						1			1	1	1	360	360		
防水コンセント2P15A×2抜止　EET			1						1	1	1	960	960		
照明器具　A　LED7.4Wブラケット															
照明器具　B　FSR15-321PH															
照明器具　C　LEDシーリングライト	1								1	1	1	70,560	70,560		

ここに 歩掛り を記入します

⑥ 工　数

工数とは、歩掛りと見積数を掛けたもので、その項目の工事がどの程度の人工(にんく)(人数)で行われるかを示すものです。

$$\boxed{見積数} \times \boxed{歩掛り} = \boxed{工数}$$

それでは、見積数と歩掛りを掛けた値を記入してみてください。

材料名称	拾い出し数(回路順)(洋室のみ) ①	②	③			④	⑤	実数 a	補給率(掛率) b	見積数 c=a×b	材料単価 d	材料費 c×d	歩掛り e	工数 c×e
電灯コンセント設備														
IV2.0mm×3本（PF管内）			3.3	3.0	0.7	8.1		15.1	1.15	17.4	90	1,566	0.0297	
VVF2.0mm-3C（コロガシ）			7.1					7.1	1.1	7.8	119	928	0.017	
VVF2.0mm-2C（コロガシ）														
VVF1.6mm-3C（コロガシ）														
VVF1.6mm-2C（コロガシ）	1.4							1.4	1.1	1.5	40	60	0.01	
VVF2.0mm-3C（PF管内）			0.6					0.6	1.1	0.7	119	83	0.0189	
VVF1.6mm-3C（PF管内）														
VVF1.6mm-2C（PF管内）	1.6							1.6	1.1	1.8	40	72	0.0117	
PF16（隠ぺい）	1.6		3.3	3.0	0.7	7.1		15.7	1.1	17.3	57	986	0.031	
PF22（隠ぺい）			0.6					0.6	1.1	0.7	80	56	0.041	
OB404（塗代付）102×102×44			3			1		4	1	4	150	600	0.1	
コンクリートボックス八角深95×75	1							1	1	1	370	370	0.1	
住宅用ボックス(標準形)1個用			1					1	1	1	70	70	0.1	
J.B(大)														
埋込型スイッチ(取付枠P共)●●L														
埋込型スイッチ(取付枠P共)●●3														
コンセント2P15A×2(取付枠P共)			3					3	1	3	230	690	0.054	
コンセント2P15A×2 ET(取付枠P共)														
コンセント2P15/20A EET(取付枠P共)						1		1	1	1	360	360	0.08	
防水コンセント2P15A×2抜止 EET			1					1	1	1	960	960	0.093	
照明器具　A　LED7.4Wブラケット														
照明器具　B　FSR15-321PH														
照明器具　C　LEDシーリングライト	1							1	1	1	70,560	70,560	0.178	

ここに $\boxed{見積数} \times \boxed{歩掛り}$ を記入します

⑦労務費の計算

労務費は、労務単価と工数の総計を掛け合わせたものです。

工数は、本書の表に従って出されたものをすべて合算すると 2.3767 人となります。ここでは、小数点以下 3 桁までを四捨五入します。すると 2.377 人となります。

労務単価は、公共工事設計労務単価等を参考に各社で決めています。また、その工事の作業条件や特殊施工場所によっては、割り増しが必要なときもあります。ここでは、労務単価を、17,700 円として計算してみましょう。

この工数小計と労務単価を掛け合わせると労務費が出ます。計算して求められた労務費を記入しましょう。

材料名称	拾い出し数(回路順)(洋室のみ)							実数	補給率(掛率)	見積数	材料単価	材料費	歩掛り	工数
	①			②	③		④	⑤	a	b	c = a×b	d	c×d	e	c×e
電灯コンセント設備															
IV2.0mm×3本（PF管内）					3.3	3.0	0.7	8.1	15.1	1.15	17.4	90	1,566	0.0297	0.5168
VVF2.0mm-3C（コロガシ）					7.1				7.1	1.1	7.8	119	928	0.017	0.1326
VVF2.0mm-2C（コロガシ）															
VVF1.6mm-3C（コロガシ）															
VVF1.6mm-2C（コロガシ）	1.4								1.4	1.1	1.5	40	60	0.01	0.015
VVF2.0mm-3C（PF管内）					0.6				0.6	1.1	0.7	119	83	0.0189	0.0132
VVF1.6mm-3C（PF管内）															
VVF1.6mm-2C（PF管内）	1.6								1.6	1.1	1.8	40	72	0.0117	0.0211
PF16（隠ぺい）	1.6				3.3	3.0	0.7	7.1	15.7	1.1	17.3	57	986	0.031	0.5363
PF22（隠ぺい）					0.6				0.6	1.1	0.7	80	56	0.041	0.0287
OB404（塗代付）102×102×44					3		1		4	1	4	150	600	0.1	0.4
コンクリートボックス八角深95×75	1								1	1	1	370	370	0.1	0.1
住宅用ボックス（標準形）1個用					1				1	1	1	70	70	0.1	0.1
J.B（大）															
埋込型スイッチ(取付枠P共)●●L															
埋込型スイッチ(取付枠P共)●●3															
コンセント2P15A×2（取付枠P共）					3				3	1	3	230	690	0.054	0.162
コンセント2P15A×2 ET（取付枠P共）															
コンセント2P15/20A EET（取付枠P共）							1		1	1	1	360	360	0.08	0.08
防水コンセント2P15A×2抜止 EET					1				1	1	1	960	960	0.093	0.093
照明器具 A LED7.4Wブラケット															
照明器具 B FSR15-321PH															
照明器具 C LEDシーリングライト	1								1	1	1	70,560	70,560	0.178	0.178
												材料費小計	¥77,361		
	労務費	人		円/人			円					工数小計			
		(工数小計)	×	(労務単価)		=	(労務費)								

①ここに工数を合算して記入します

②工数小計を小数点以下3桁にして記入します

③労務単価を記入します

④ここに 工数小計 × 労務単価 を計算して記入します

⑧内訳明細書の記入

今までは数量表の中での記入と計算でした。ここまでは、あくまで社内向けの文書となります。

内訳明細書はお客さまに見せるため、また請求書の中身がわかるようにした文書ですので、数量表をそのまま転記するのではなく調整を行います。

まず、内訳明細書に材料の項目を順番に記入します。PF管の接続に使うコネクタ（ボックスとの接続に使用）、カップリング（管同士の接続に使用）、コロガシエンド（PF管配線からコロガシ配線になる場所で使用）などの付属品は、PF管の材料費に係数を掛けて求めます。ここでは0.25としましょう。

PF管の付属品

雑材消耗品は、ボルトやナット、釘、結束線、サドル、スリーブ、絶縁テープ、接着剤、ウエスなど算出が難しいこまごまとしたものが相当します。

雑材消耗品の求め方は、機器類を除く材料費の3〜6％で、一式計上するのが通例です。ここでは、5％としてみましょう。

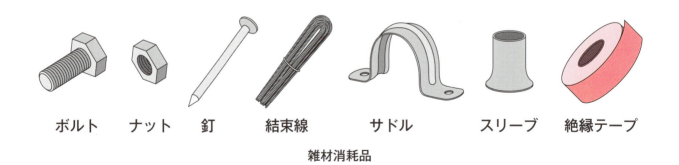

雑材消耗品

労務費の工数は、2.377ですが、ここでは端数を切り上げて3人とします。また工事でかかる諸経費は、ここでは一律10％として計上します。

1. 内訳明細書の作成

内 訳 明 細 書

1 電灯コンセント設備（洋室のみ）

	名　　称	摘　　要	数量	単位	単　価	金　額	備　考
1	照明器具　C	LEDシーリングライト		台			
2	電　　線	IV 2.0mm×3		m			PF, CD管内
3	ケーブル	VVF 2.0mm －3C		m			天井内コロガシ
4	ケーブル	VVF 1.6mm －2C		m			天井内コロガシ
5	ケーブル	VVF 2.0mm －3C		m			PF管・CD管内
6	ケーブル	VVF 1.6mm －2C		m			PF管・CD管内
7	合成樹脂製可とう電線管	PF-S 16		m			隠ぺい・コンクリート打込み
8	合成樹脂製可とう電線管	PF-S 22		m			隠ぺい・コンクリート打込み
⑨	付 属 品	PF管	1	式			（PF管材料価格×0.25）
10	アウトレットボックス	四角中浅 102×102×44		個			塗代付
11	コンクリートボックス	八角中深 95×75		個			塗代付
12	住宅用ボックス（標準形）	1個用		個			
13	埋込コンセント	2P15A×2		組			取付枠・樹脂プレート共
14	埋込コンセント	2P15/20A EET		組			取付枠・樹脂プレート共
15	防水コンセント	2P15A×2抜止 EET		組			
16	材料費計						
⑰	雑材消耗品		1	式			（材料全体×0.05）
18	計						
19	労　務　費	電　工（17700円×3工数）		式			
⑳	諸経費		1	式			10%
	合計						

それでは、各項目に数値を記入し、計算しましょう。
　数量表の「見積数」の数値を内訳明細書の「数量」に記入していきましょう。数量表とは順序が異なっていますので、確認しながら転記してください。

付属品などは
「1式」
と言うんだ・・・

第3章 ここまでやって完成！見積書の作成

材料名称	拾い出し数（回路順）（洋室のみ） ①	②	③			④	⑤	実数 a	補給率（掛率）b	見積数 c＝a×b	材料単価 d	材料費 c×d	歩掛り e	工数 c×e
電灯コンセント設備														
IV2.0mm×3本（PF管内）			3.3	3.0	0.7	8.1		15.1	1.15	17.4	90	1,566	0.0297	0.5168
VVF2.0mm-3C（コロガシ）			7.1					7.1	1.1	7.8	119	928	0.017	0.1326
VVF2.0mm-2C（コロガシ）														
VVF1.6mm-3C（コロガシ）														
VVF1.6mm-2C（コロガシ）	1.4							1.4	1.1	1.5	40	60	0.01	0.015
VVF2.0mm-3C（PF管内）			0.6					0.6	1.1	0.7	119	83	0.0189	0.0132
VVF1.6mm-3C（PF管内）														
VVF1.6mm-2C（PF管内）	1.6							1.6	1.1	1.8	40	72	0.0117	0.0211
PF16（隠ぺい）	1.6		3.3	3.0	0.7	7.1		15.7	1.1	17.3	57	986	0.031	0.5363
PF22（隠ぺい）			0.6					0.6	1.1	0.7	80	56	0.041	0.0287
OB404（塗代付）102×102×44			3			1		4	1	4	150	600	0.1	0.4
コンクリートボックス八角深95×75	1							1	1	1	370	370	0.1	0.1
住宅用ボックス（標準形）1個用			1					1	1	1	70	70	0.1	0.1
J.B（大）														
埋込型スイッチ（取付枠P共）●●L														
埋込型スイッチ（取付枠P共）●●3														
コンセント2P15A×2（取付枠P共）			3					3	1	3	230	690	0.054	0.162
コンセント2P15A×2 ET（取付枠P共）														
コンセント2P15/20A EET（取付枠P共）						1		1	1	1	360	360	0.08	0.08
防水コンセント2P15A×2抜止 EET			1					1	1	1	960	960	0.093	0.093
照明器具 A LED7.4Wブラケット														
照明器具 B FSR15-321PH														
照明器具 C LEDシーリングライト	1							1	1	1	70,560	70,560	0.178	0.178
										材料費小計		¥77,361		
労務費		人		円/人		円				工数小計				
	（工数小計）	×	（労務単価）	＝	（労務費）									

ここを転記します

次のページへ

1. 内訳明細書の作成

内 訳 明 細 書

1 電灯コンセント設備（洋室のみ）

	名　　称	摘　　要	数量	単位	単価	金額	備　考
1	照明器具　C	LEDシーリングライト		台			
2	電　線	IV 2.0mm×3		m			PF, CD管内
3	ケーブル	VVF 2.0mm -3C		m			天井内コロガシ
4	ケーブル	VVF 1.6mm -2C		m			天井内コロガシ
5	ケーブル	VVF 2.0mm -3C		m			PF管・CD管内
6	ケーブル	VVF 1.6mm -2C		m			PF管・CD管内
7	合成樹脂製可とう電線管	PF-S 16		m			隠ぺい・コンクリート打込み
8	合成樹脂製可とう電線管	PF-S 22		m			隠ぺい・コンクリート打込み
9	付属品	PF管		式			（PF管材料価格×0.25）
10	アウトレットボックス	四角中浅 102×102×44		個			塗代付
11	コンクリートボックス	八角中深 95×75		個			塗代付
12	住宅用ボックス（標準形）	1個用		個			
13	埋込コンセント	2P15A×2		組			取付枠・樹脂プレート共
14	埋込コンセント	2P15/20A EET		組			取付枠・樹脂プレート共
15	防水コンセント	2P15A×2抜止 EET		組			
16	材料費計						
17	雑材消耗品			式			（材料全体×0.05）
18	計						
19	労務費	電工（17700円×3工数）		式			
20	諸経費			式			10%
	合計						

ここに転記します

次に、数量表の「材料単価」を内訳明細書の「単価」に転記してください。

ここに転記！

第3章 ここまでやって完成！見積書の作成

材料名称	拾い出し数(回路順)(洋室のみ)								実数	補給率(掛率)	見積数	材料単価	材料費	歩掛り	工数
	①		②	③			④	⑤	a	b	c = a×b	d	c×d	e	c×e
電灯コンセント設備															
IV2.0mm×3本（PF管内）				3.3	3.0	0.7	8.1		15.1	1.15	17.4	90	1,566	0.0297	0.5168
VVF2.0mm-3C（コロガシ）				7.1					7.1	1.1	7.8	119	928	0.017	0.1326
VVF2.0mm-2C（コロガシ）															
VVF1.6mm-3C（コロガシ）															
VVF1.6mm-2C（コロガシ）	1.4								1.4	1.1	1.5	40	60	0.01	0.015
VVF2.0mm-3C（PF管内）				0.6					0.6	1.1	0.7	119	83	0.0189	0.0132
VVF1.6mm-3C（PF管内）															
VVF1.6mm-2C（PF管内）	1.6								1.6	1.1	1.8	40	72	0.0117	0.0211
PF16（隠ぺい）	1.6			3.3	3.0	0.7	7.1		15.7	1.1	17.3	57	986	0.031	0.5363
PF22（隠ぺい）				0.6					0.6	1.1	0.7	80	56	0.041	0.0287
OB404（塗代付）102×102×44				3			1		4	1	4	150	600	0.1	0.4
コンクリートボックス八角深95×75	1								1	1	1	370	370	0.1	0.1
住宅用ボックス(標準形)1個用				1					1	1	1	70	70	0.1	0.1
J.B(大)															
埋込型スイッチ(取付枠P共)●●L															
埋込型スイッチ(取付枠P共)●●3															
コンセント2P15A×2（取付枠P共）				3					3	1	3	230	690	0.054	0.162
コンセント2P15A×2 ET（取付枠P共）															
コンセント2P15/20A EET（取付枠P共）							1		1	1	1	360	360	0.08	0.08
防水コンセント2P15A×2抜止 EET				1					1	1	1	960	960	0.093	0.093
照明器具 A LED7.4Wブラケット															
照明器具 B FSR15-321PH															
照明器具 C LEDシーリングライト	1								1	1	1	70,560	70,560	0.178	0.178
	労務費		人		円/人		円				材料費小計		¥77,361		
	(工数小計)	×	(労務単価)	=	(労務費)						工数小計				

ここを転記します

急げ　焦れ　次のページへ

1. 内訳明細書の作成

内 訳 明 細 書

1 電灯コンセント設備（洋室のみ）

	名　　称	摘　　要	数量	単位	単　価	金　額	備　考
1	照明器具 C	LEDシーリングライト	1	台			
2	電　線	IV 2.0mm×3	17.4	m			PF，CD管内
3	ケーブル	VVF 2.0mm －3C	7.8	m			天井内コロガシ
4	ケーブル	VVF 1.6mm －2C	1.5	m			天井内コロガシ
5	ケーブル	VVF 2.0mm －3C	0.2	m			PF管・CD管内
6	ケーブル	VVF 1.6mm －2C	1.8	m			PF管・CD管内
7	合成樹脂製可とう電線管	PF-S 16	15.7	m			隠ぺい・コンクリート打込み
8	合成樹脂製可とう電線管	PF-S 22	0.6	m			隠ぺい・コンクリート打込み
9	付 属 品	PF管	1	式			(PF管材料価格×0.25)
10	アウトレットボックス	四角中浅 102×102×44	4	個			塗代付
11	コンクリートボックス	八角中深 95×75	1	個			塗代付
12	住宅用ボックス（標準形）	1個用	1	個			
13	埋込コンセント	2P15A×2	3	組			取付枠・樹脂プレート共
14	埋込コンセント	2P15/20A EET	1	組			取付枠・樹脂プレート共
15	防水コンセント	2P15A×2抜止 EET	1	組			
16	材料費計						
17	雑材消耗品		1	式			(材料全体×0.05)
18	計						
19	労 務 費	電 工(17700円×3工数)	1	式			
20	諸経費		1	式			10%
	合計						

ここに転記します

　次に、数量表の「材料費」を内訳明細書の「金額」に転記して、PF管の「付属品」と「雑材消耗品」の費用を求めます。

ここでーす！

第3章 ここまでやって完成！見積書の作成

材料名称	拾い出し数(回路順)(洋室のみ)								実数	補給率(掛率)	見積数	材料単価	材料費	歩掛り	工数
	①			②	③			④	⑤	a	b	c=a×b	d	c×d	e	c×e
電灯コンセント設備																
IV2.0mm×3本（PF管内）					3.3	3.0	0.7	8.1		15.1	1.15	17.4	90	1,566	0.0297	0.5168
VVF2.0mm-3C（コロガシ）					7.1					7.1	1.1	7.8	119	928	0.017	0.1326
VVF2.0mm-2C（コロガシ）																
VVF1.6mm-3C（コロガシ）																
VVF1.6mm-2C（コロガシ）	1.4									1.4	1.1	1.5	40	60	0.01	0.015
VVF2.0mm-3C（PF管内）					0.6					0.6	1.1	0.7	119	83	0.0189	0.0132
VVF1.6mm-3C（PF管内）																
VVF1.6mm-2C（PF管内）	1.6									1.6	1.1	1.8	40	72	0.0117	0.0211
PF16（隠ぺい）	1.6				3.3	3.0	0.7	7.1		15.7	1.1	17.3	57	986	0.031	0.5363
PF22（隠ぺい）					0.6					0.6	1.1	0.7	80	56	0.041	0.0287
OB404（塗代付）102×102×44					3			1		4	1	4	150	600	0.1	0.4
コンクリートボックス八角深95×75	1									1	1	1	370	370	0.1	0.1
住宅用ボックス(標準形)1個用					1					1	1	1	70	70	0.1	0.1
J.B（大）																
埋込型スイッチ(取付枠P共)●●L																
埋込型スイッチ(取付枠P共)●●3																
コンセント2P15A×2(取付枠P共)					3					3	1	3	230	690	0.054	0.162
コンセント2P15A×2 ET(取付枠P共)																
コンセント2P15/20A EET(取付枠P共)								1		1	1	1	360	360	0.08	0.08
防水コンセント2P15A×2抜止 EET					1					1	1	1	960	960	0.093	0.093
照明器具 A LED7.4Wブラケット																
照明器具 B FSR15-321PH																
照明器具 C LEDシーリングライト	1									1	1	1	70,560	70,560	0.178	0.178
													材料費小計	¥77,361		
	労務費	2.377 人		17,700 円/人	¥42,073	円							工数小計			2.3767 人
		(工数小計)	×	(労務単価)	=	(労務費)										

労務費に転記します

ここを転記します

さあ！内訳明細書へ転記です！

1. 内訳明細書の作成

内 訳 明 細 書

1 電灯コンセント設備（洋室のみ）

	名 称	摘 要	数量	単位	単価	金 額	備 考
1	照明器具 C	LEDシーリングライト	1	台			
2	電 線	IV 2.0mm×3	17.4	m	90		PF, CD管内
3	ケーブル	VVF 2.0mm −3C	7.8	m	119		天井内コロガシ
4	ケーブル	VVF 1.6mm −2C	1.5	m	40		天井内コロガシ
5	ケーブル	VVF 2.0mm −3C	0.6	m	155		PF管・CD管内
6	ケーブル	VVF 1.6mm −2C	1.6	m	53		PF管・CD管内
7	合成樹脂製可とう電線管	PF-S 16	15.7	m	57		隠ぺい・コンクリート打込み
8	合成樹脂製可とう電線管	PF-S 22	0.6	m	80		隠ぺい・コンクリート打込み
9	付 属 品	PF管	1	式			（PF管材料価格×0.25）
10	アウトレットボックス	四角中浅 102×102×44	4	個	150		塗代付
11	コンクリートボックス	八角中深 95×75	1	個			塗代付
12	住宅用ボックス（標準形）	1個用	1	個			
13	埋込コンセント	2P15A×2	3	組	230		取付枠・樹脂プレート共
14	埋込コンセント	2P15/20A EET	1	組			取付枠・樹脂プレート共
15	防水コンセント	2P15A×2抜止 EET	1	組			
16	材料費計						
17	雑材消耗品		1	式			（材料全体×0.05）
18	計						
19	労 務 費	電 工（17700円×3工数）	1	式			
20	諸経費		1	式			10%
	合計						

計算して求めます **労務費から転記します** **ここに転記します**

PF管の付属品と雑材消耗品は計算するんだ・・・

第3章 ここまでやって完成！見積書の作成

最後に、それら材料費（「雑材消耗品」含む）の合計と労務費から諸経費を求めます。
それらを合計すると工事費が求められます。これを記入してみましょう。

内 訳 明 細 書

1 電灯コンセント設備（洋室のみ）

	名　　　称	摘　　要	数量	単位	単価	金額	備　考
1	照明器具 C	LEDシーリングライト	1	台		70,560	
2	電　線	IV 2.0mm×3	17.4	m	90	1,566	PF, CD管内
3	ケーブル	VVF 2.0mm -3C	7.8	m	119	928	天井内コロガシ
4	ケーブル	VVF 1.6mm -2C	1.5	m	40	60	天井内コロガシ
5	ケーブル	VVF 2.0mm -3C	0.7	m	119	83	PF管・CD管内
6	ケーブル	VVF 1.6mm -2C	1.8	m	40	72	PF管・CD管内
7	合成樹脂製可とう電線管	PF-S 16	17.3	m	57	986	隠ぺい・コンクリート打込み
8	合成樹脂製可とう電線管	PF-S 22	0.7	m	80	56	隠ぺい・コンクリート打込み
9	付属品	PF管	1	式		261	(PF管材料価格×0.25)
10	アウトレットボックス	四角中浅 102×102×44	4	個	150	600	塗代付
11	コンクリートボックス	八角中深 95×75	1	個		370	塗代付
12	住宅用ボックス（標準形）	1個用	1	個		70	
13	埋込コンセント	2P15A×2	3	組	230	690	取付枠・樹脂プレート共
14	埋込コンセント	2P15/20A EET	1	組		360	取付枠・樹脂プレート共
15	防水コンセント	2P15A×2抜止 EET	1	組		960	
16	材料費計					77,622	
17	雑材消耗品		1	式		3,881	(材料全体×0.05)
18	計					81,503	
19	労務費	電工（17700円×3工数）	1	式		53,100	
20	諸経費		1	式			10%
	合計						

計算して求めます　　全部を合計します

内訳明細書が完成しました。最後に見積書の作成です。

さあ！全部の転記と計算は終わりましたか？

1. 内訳明細書の作成／2. 見積書の作成

見積書の作成

　内訳明細書の合計の数値が見積書の金額となります。お客さまはこの数値を見て、発注するかどうかを判断されます。

　見積書のフォーマットは、会社によって異なりますので、会社のフォーマットやルールに従って作成することとなります。

　ここでは、見積書のフォーマットの例を掲載します。こちらに記入して完成です。

　この見積書が、内訳明細書とともにお客さまに提出されることになるのです。

内 訳 明 細 書

1 電灯コンセント設備（洋室のみ）

	名　　称	摘　要	数量	単位	単　価	金　額	備　考
1	照明器具　C	LEDシーリングライト	1	台		70,560	
2	電　　線	IV 2.0mm×3	17.4	m	90	1,566	PF, CD管内
3	ケーブル	VVF 2.0mm −3C	7.8	m	119	928	天井内コロガシ
4	ケーブル	VVF 1.6mm −2C	1.5	m	40	60	天井内コロガシ
5	ケーブル	VVF 2.0mm −3C	0.7	m	119	83	PF管・CD管内
6	ケーブル	VVF 1.6mm −2C	1.8	m	40	72	PF管・CD管内
7	合成樹脂製可とう電線管	PF-S 16	17.3	m	57	986	隠ぺい・コンクリート打込み
8	合成樹脂製可とう電線管	PF-S 22	0.7	m	80	56	隠ぺい・コンクリート打込み
9	付 属 品	PF管	1	式		261	(PF管材料価格×0.25)
10	アウトレットボックス	四角中浅 102×102×44	4	個	150	600	塗代付
11	コンクリートボックス	八角中深 95×75	1	個		370	塗代付
12	住宅用ボックス（標準形）	1個用	1	個		70	
13	埋込コンセント	2P15A×2	3	組	230	690	取付枠・樹脂プレート共
14	埋込コンセント	2P15/20A EET	1	組		360	取付枠・樹脂プレート共
15	防水コンセント	2P15A×2抜止 EET	1	組		960	
16	材料費計					77,622	
17	雑材消耗品		1	式		3,881	(材料全体×0.05)
18	計					81,503	
19	労 務 費	電 工（17700円×3工数）	1	式		53,100	
20	諸経費		1	式		13,460	10%
	合計					148,063	

御見積金額となります

第3章 ここまでやって完成！見積書の作成

　今まで行ったのは、ワンルームマンションの洋室という極めて小さな場所の積算でした。わずかな場所でありながらも、図面を使った材料拾い出し、数量表の作成、数量表を基にした、内訳明細書の作成、そして見積書の作成と積算の基本を学べました。

　実際の積算では、これ以外にも多くの材料や要素が増えますが、基本的な方法は同じです。まず、この拾い出しを行い、数量表の作成を行う方法について再度確認してみてください。

　次章では、さらにさまざまな条件で積算を行えるように、積算用の資料について、その使い方や読み方のポイントを説明します。

第4章

まだまだレベルアップしたいあなたへ
積算で使う資料

ここでは積算で使われる資料を紹介します。また積算資料の使い方や内容についても簡単に解説しましょう。

第4章 まだまだレベルアップしたいあなたへ 積算で使う資料

1 積算で使われる資料

　積算では、建築などから入手する設計図書のほか、積算用の資料を参照しながら、積算業務を進めることになります。それら積算用の資料は毎年、あるいは毎月、最新の情報が載せられています。そのため、積算にそれら資料を用いるときは、最新のものを使用するようにします。

①「**電気設備工事積算実務マニュアル**」（年度版　B5判　全日出版社）

　公共建築工事積算基準に準拠した積算資料です。工事費を積算する際の標準的な複合単価を算出して掲載しています。

　また、機器費、材料費、労務単価なども掲載しています。

＜掲載内容（平成29年度版）＞

◆**配管工事**

　鋼製電線管　合成樹脂管　ケーブルラック　プルボックス　防火区画貫通処理

◆**配線工事（電力用）**

　IVケーブル　VVF・VVRケーブル　CVケーブル　CVVケーブル　エコケーブル

◆**配線工事（通信用）**

　HPケーブル　AEケーブル　CPEVケーブル　エコケーブル　光ファイバケーブル

◆**共通工事**

　接地工事　土工事

◆**電力設備工事（1）**

　配線器具　照明設備　分電盤

◆**電力設備工事（2）**

　動力設備　雷保護設備　架空線路　地中線路

◆**通信・情報設備工事**

　電話設備　インターホン設備　テレビ共同受信設備　火災報知設備

◆**撤去・改修工事**

1. 積算で使われる資料

②「**月刊　建設物価**」（月刊　B5判　（一財）建設物価調査会）

　建設工事に必要な資機材の価格、建設機械・仮設機材の賃貸料金、労務賃金、工事費等を掲載しています。毎月定期的に全国の主要都市での公示価格を調査したものを反映しています。

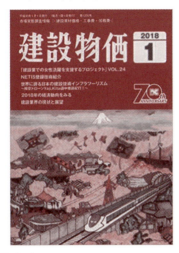

＜掲載内容＞

◆**資材編**

　共通資材、土木資材、建築資材、電気設備、機械設備、公害防止、環境保全、福祉関連、建設機械、燃料、スクラップ、建設機械・仮設機材賃貸料金

◆**工事費編**

　工事費、調査費・試験費、保守点検料金・清掃管理費

◆**管理資料編**

　労務費、サービス料金、建設副産物処理・処分情報など

③「〔**月刊**〕**積算資料**」（月刊　B5判　（一財）経済調査会）

　全国の調査網から、建設に関わる資材価格・労務単価・各種料金等を流通・取引数量・都市別に掲載しています。

　また巻頭には、主要資材の価格の推移や市況、主要経済統計などが載せられています。

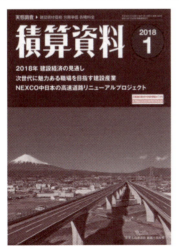

＜掲載内容＞

◆**価格編**

　共通資材　土木資材　建築資材　電気設備資材　機械設備資材　各種料金他

④「**電気設備工事費の積算指針**」((一社)日本電設工業協会 技術・安全委員会編著　B5判　(一社)日本電設工業協会)

　積算初心者向けに、電気設備工事費の積算業務で、一般に用いられている工事項目ごとに、積算時の注意事項や使用される材料などについて解説したものです。必要の都度改訂が行われ、電気設備工事費積算の教科書、入門書として広く利用されています。

＜内容目次＞

第1編　積算の基本事項
　1．積算の重要性
　2．電気設備工事費
　3．積算の条件

第2編　直接工事費
　1．共通事項
　2．各種設備項目別の算出

第3編　労務費
　1．歩掛りの考え方
　2．労務歩掛りの数値
　3．工事の諸条件

第4編　間接工事費（共通費）積算
　1．共通仮設費
　2．現場管理費
　3．経費率

第5編　参考資料
　1．電気設備工事の労務歩掛表
　2．社会保険料相当額（法定福利費）

積算に必要な基準図書

　公共建築工事の積算では、「標準仕様書」、「標準図」、「積算基準」、「数量基準」などの基準図書が必要になります。

①設備工事関連基準

「**公共建築工事標準仕様書（電気設備工事編）**」（(一社)公共建築協会編　A5判　オーム社）

　「公共建築工事標準仕様書（電気設備工事編）」は、公共建築工事において使用する機材、工法などについて標準的な仕様を取りまとめたものです。改定周期は3年となっています。

　標準仕様書は、主に一般的な事務庁舎への適用を想定して作成されています。

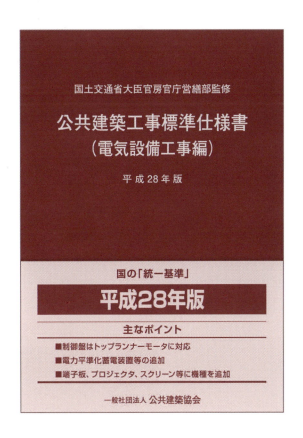

＜主要目次＞

第1編　一般共通事項	第6編　通信・情報設備工事
第2編　電力設備工事	第7編　中央監視制御設備工事
第3編　受変電設備工事	第8編　医療関係設備工事
第4編　電力貯蔵設備工事	資　料
第5編　発電設備工事	

第4章　まだまだレベルアップしたいあなたへ 積算で使う資料

「**公共建築設備工事標準図（電気設備工事編）**」（（一社）公共建築協会編　A5判　（一社）建設電気技術協会）

　「公共建築設備工事標準図（電気設備工事編）」は、公共建築工事標準仕様書（電気設備工事編）で規定されている機材の形式、形状等および施工要領例を示したものです。その改定周期は3年となっています。標準仕様書と一体で適用することを前提に作成されています。

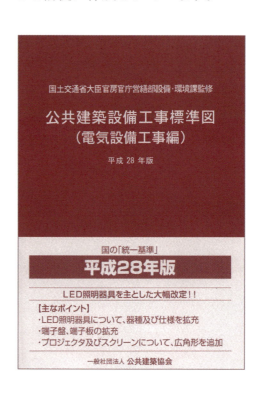

＜主要目次＞
第1編　共通事項
第2編　電力設備工事
第3編　受変電設備工事
第4編　発電設備工事
第5編　通信・情報設備工事
第6編　中央監視制御設備工事

「**公共建築改修工事標準仕様書（電気設備工事編）**」（（一財）建築保全センター編　A5判）

　「公共建築改修工事標準仕様書（電気設備工事編）」は、公共建築改修工事において使用する機材、工法などについて標準的な仕様を取りまとめたものです。こちらも改定周期を3年としています。

＜主要目次＞
第1編　一般共通事項
第2編　電力設備工事
第3編　受変電設備工事
第4編　電力貯蔵設備工事
第5編　発電設備工事
第6編　通信・情報設備工事
第7編　中央監視制御設備工事
第8編　医療関係設備工事
資　料

②設備工事積算関連基準

設備工事積算関連基準は、国土交通省のホームページで公表されています。また「公共建築工事積算基準」は、国土交通省大臣官房官庁営繕部の監修で出版されています。

「公共建築工事積算基準」（(一財)建築コスト管理システム研究所編　B5判　大成出版社）

公共工事の複合単価や合成単価などの単価を算定する基準や共通費を算定する基準、数量の計測や計算の基準を掲載しています。

＜目次内容＞

◆公共建築工事積算基準
◆公共建築工事共通費積算基準
◆公共建築工事標準単価積算基準
　第1編　総　則
　第2編　建築工事
　第3編　電機設備工事
　第4編　機械設備工事
　第5編　昇降機設備工事

◆公共建築数量積算基準
◆公共建築設備数量積算基準
◆参考資料
　公共建築工事積算研究会参考歩掛り
　関係法令・通達

国土交通省のホームページより PDF またはダウンロードすることができます。

「公共建築工事内訳書標準書式（設備工事編）」

公共建築工事の工事費内訳書の標準となる書式を示すものです。

＜内容構成＞

電気設備工事内訳書標準書式
- 種目別内訳書
- 科目別内訳書
- 中科目別内訳書
- 細目別内訳書

「公共建築工事見積標準書式（設備工事編）」

見積書の基本的な構成、記載項目などを示したものです。

＜内容構成＞
- 見積依頼書
- 見積条件書
- 見積書表紙
- 見積内訳書

積算ではさまざまな資料を参照します

第4章　まだまだレベルアップしたいあなたへ　積算で使う資料

3 設計労務単価

　公共工事設計労務単価とは、国土交通省と農林水産省が、公共工事に従事した建設労働者に対する支払実態を毎年調査して、積算の労務単価を決定したものです。支払い賃金から時間外割増賃金等を除いたうえで、1日8時間労働に相当する額に換算し設定しています。

　平成30年度3月から適用される公共工事設計労務単価は次のとおりです。グラフを見てわかるように、地域によって単価が異なります。国土交通省が毎年発表していますので、設計労務単価が必要なときには最新のものを確認しましょう。

平成30年3月から適用の公共工事設計労務単価

都道府県	単価
北海道	20,100
青森県	18,500
岩手県	19,500
宮城県	20,800
秋田県	19,100
山形県	19,900
福島県	20,400
茨城県	20,700
栃木県	20,400
群馬県	20,000
埼玉県	22,000
千葉県	22,200
東京都	24,200
神奈川県	22,300
山梨県	21,800
長野県	20,500
新潟県	20,100
富山県	21,100
石川県	21,200
岐阜県	20,300
静岡県	21,500
愛知県	20,400
三重県	20,500
福井県	18,800
滋賀県	20,000
京都府	19,500
大阪府	20,300
兵庫県	19,200
奈良県	20,000
和歌山県	20,100
鳥取県	17,200
島根県	17,100
岡山県	18,300
広島県	18,200
山口県	18,100
徳島県	18,800
香川県	19,200
愛媛県	18,300
高知県	18,300
福岡県	19,000
佐賀県	18,600
長崎県	17,800
熊本県	17,500
大分県	17,700
宮崎県	17,300
鹿児島県	17,800
沖縄	15,600
平均	19,579

地域によってそれぞれ異なります

④ 設計図と資料、実物材料の比較

　それでは実際に積算用の資料と設計図を比較しながら、その読み方を見てみましょう。ここでは、全日出版社の発行する「電気設備工事積算実務マニュアル　平成29年度版」を使い、先ほど拾い出しで使った図面と比較し、実際に拾い出す材料などと見比べながら、どのように資料が使えるかを見ていきましょう。

　先ほど拾い出しに使った図面と、もしお持ちでしたら「電気設備工事積算実務マニュアル　平成29年度版」を出してください（なければ図面と本書の引用部分を比較してください）。

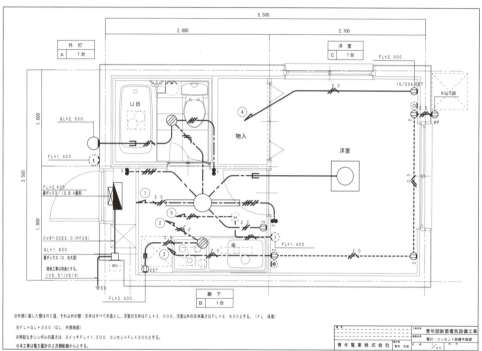

①合成樹脂可とう電線管（PF管）

　先ほどの拾い出しで使った図面の中から、合成樹脂可とう電線管（PF管）を使った場所を赤で示します。

　ここでは、PF16とPF22という2種類の太さの電線管が使われています。この単価を「電気設備工事積算実務マニュアル」で探してみましょう。

　「配管工事」の中の「合成樹脂製可とう電線管」という項目を探します。その中にはPF管とCD管がありますが、ここではPF管のほうを見てみましょう。

第4章 まだまだレベルアップしたいあなたへ 積算で使う資料

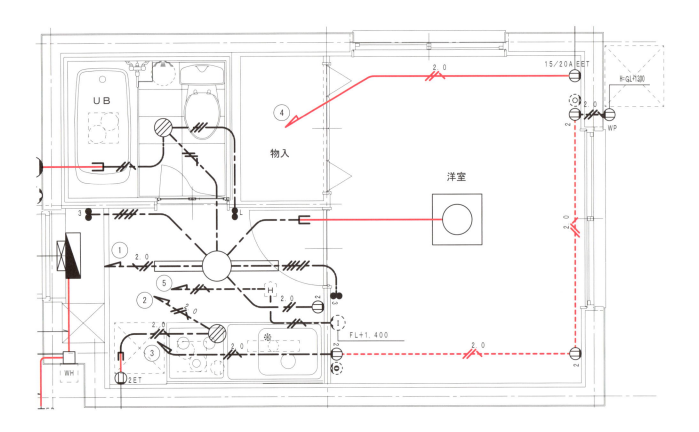

PF管の材料単価（PF14とPF28は省略）　　　　　　　　　　　　　　　（単位：単価＝円／m）

呼称	単位	A	B	C	D	E	F	G	H	I	J
PF16	m	57	57	57	58	57	57	57	57	57	58
PF22	〃	80	80	80	82	80	80	80	80	80	82

A～Jは、地区別の材料単価を表します。地区は以下のとおりです。

	A	B	C	D	E	F	G	H	I	J
材料単価	東京	大阪	名古屋	札幌	仙台	新潟	広島	高松	福岡	那覇
対象地区	首都圏地区	近畿地区	中部地区	北海道地区	東北地区	北陸地区	中国地区	四国地区	九州地区	沖縄地区

　さらに歩掛りも見てみましょう（歩掛りの意味を忘れてしまった方は再度14頁で確認しましょう）。歩掛りは工事方法によって変わってきます。ここでの施工は、「隠ぺい・コンクリート打込み」でしたので、その表のところを見てみましょう。

PF管の歩掛り
隠ぺい・コンクリート打込み

呼　称	歩掛り
PF16	0.031
PF22	0.041

4. 設計図と資料、実物材料の比較

　このように、図面からどのような工事を行うかを知っておくことによって、積算資料から適切な歩掛りを知ることができます。

　最後に今まで拾い出しをしてきたPF管の写真を提示します。積算を行う場合も、いったい何の材料の拾い出しをしているか、実物を知っておくとよりスムーズに積算を行うことができるでしょう。

PF管（PF16）

② 600Vビニル絶縁ビニルシースケーブル平形（VVF）

　今度は600Vビニル絶縁ビニルシースケーブル平形（VVF）を図の中で、赤で示します。

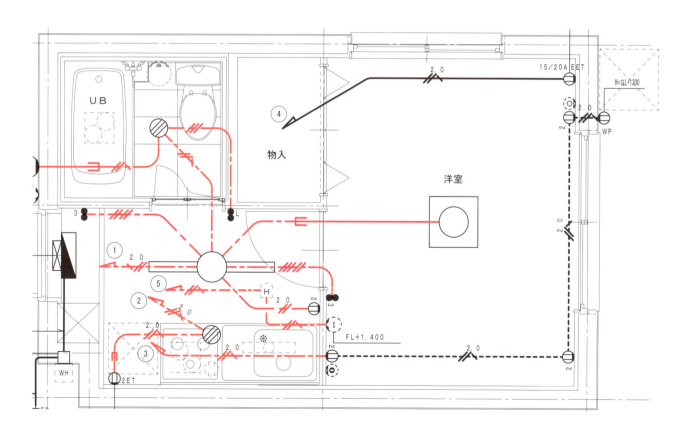

　ここではVVF2.0mm-3C、VVF1.6mm-3C、VVF2.0mm-2C、VVF1.6mm-2Cの4種類が使われています。ちなみに「1.6mm」などの表記はケーブルの中にある電線の導体の直径、「3C」

という表記はケーブルの中にある電線の数です。

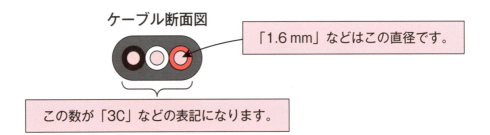

この単価を「電気設備工事積算実務マニュアル」で探してみましょう。

「配線工事(電力用)」の中の「600Vビニル絶縁ビニルシースケーブル　平形(VVF)」という項目を探します。

VVFの材料単価（VVF2.6は省略）　　　　　　　　　　　　　　　　　　　　（単位：単価＝円／m）

心線数サイズ	A	B	C	D	E	F	G	H	I	J
2C－1.6mm	37.0	37.0	37.0	39.0	39.0	39.0	39.0	39.0	39.0	39.0
2.0mm	67.2	67.2	67.2	70.5	70.5	70.5	70.5	70.5	70.5	70.5
3C－1.6mm	69.4	69.4	69.4	73.0	73.0	73.0	73.0	73.0	73.0	73.0
2.0mm	111	111	111	116	116	116	116	116	116	116

歩掛りも見てみましょう。今回はコロガシ配線でしたので、「ピット・トラフ・天井内コロガシ配線」の表の歩掛りを見ます。

VVFの歩掛り
ピット・トラフ・天井内コロガシ配線

心線数サイズ	歩掛り
2C－1.6mm	0.010
2.0mm	0.013
3C－1.6mm	0.013
2.0mm	0.017

実際のVVFは、次頁の写真のようなものです。

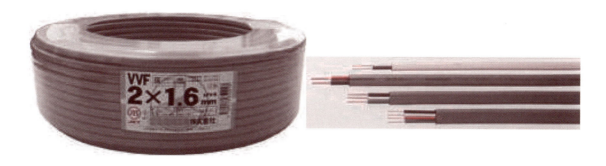

600Vビニル絶縁ビニルシースケーブル平形（VVF）

③ 600Vビニル絶縁電線(IV)

下図の中で、600Vビニル絶縁電線(IV)を赤で示します。IVはPF管の中の配線で使われます。

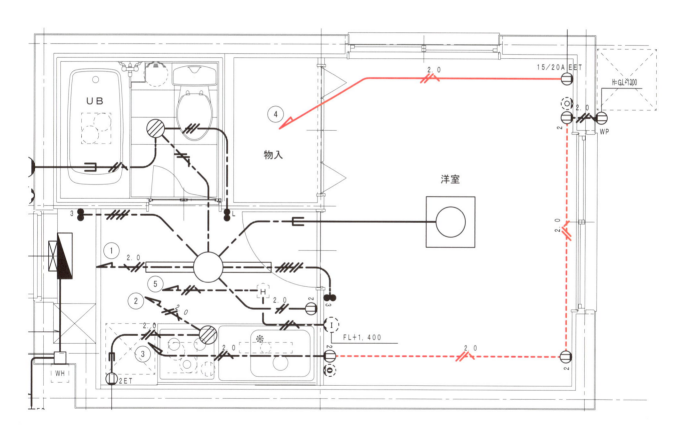

ここでは、2.0mmが3本一緒に配線されています。まずはその単価を見てみましょう。先ほどのVVFと同じく「配線工事(電力)」の中の「600Vビニル絶縁電線(IV)」という項目を探します。

注意が必要なのは、「2.0mm」と「2.0mm²」と二つの表記があることです。「2.0mm²」はより線のIVで断面積表記になっています。値段も太さも違いますので、はっきり区別しましょう。ここでは2.0mmの単線のIVを使いますので、「2.0mm」を見ましょう。

第4章 まだまだレベルアップしたいあなたへ 積算で使う資料

IVの材料単価（2.0mm以外は省略）　　　　　　　　　　　　　　　　（単位：単価＝円／m）

サイズ	単位	A	B	C	D	E	F	G	H	I	J
2.0mm	m	31.1	30.9	30.9	32.6	32.1	31.9	31.9	31.9	31.9	32.1

　歩掛りも見てみましょう。今回は管内配線が3本でしたので、「管内配線（3本）」の表の歩掛りを見ます。

IVの歩掛り
ピット・トラフ・天井内コロガシ配線

サイズ	歩掛り
2.0mm	0.033

　実際のIVは、次の写真のようなものです。

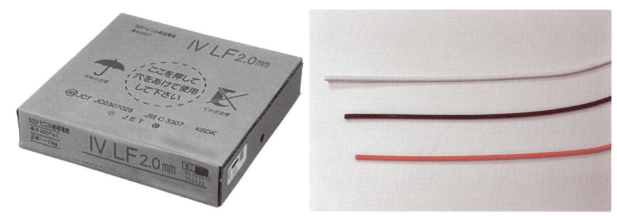

600Vビニル絶縁電線（IV）

④アウトレットボックス

　次はアウトレットボックスの位置を示します。アウトレットボックスは、電線を接続するジョイントボックスとして、また配線器具の裏ボックスとして、さまざまな用途で使用される場合があります。

　ここでは、コンクリート内のコンセントの裏ボックスと玄関外にある電力量計（電力メーター）用の裏ボックスと屋外照明用裏ボックスを赤で示します。

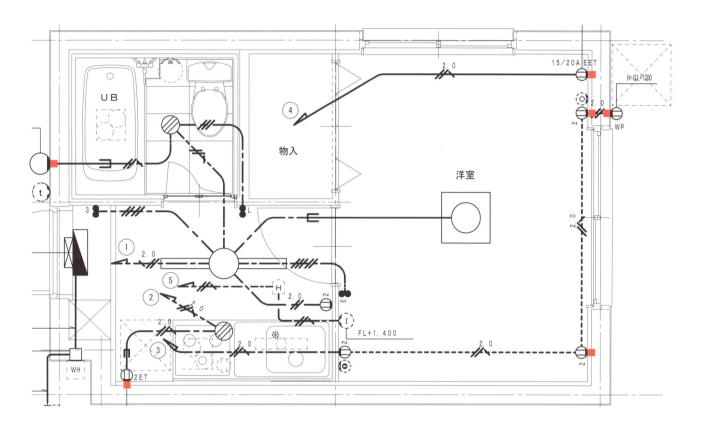

　ここでは、洋室のアウトレットボックスは四角中浅、電力量計の裏ボックスで使用するアウトレットボックスは四角大深と、2種類のアウトレットボックスを使います。

　それではこの二つの単価と歩掛りを一緒に見てみましょう。「配管工事」の「金属製ボックス類」を見ると、「位置ボックス」という項目があります。この中の「アウトレットボックス」という表を見てみましょう。

アウトレットボックスの材料単価と歩掛り　　　　　　　　　（単位：歩掛り＝人／個、単価＝円／個）

形状・サイズ(mm)	単位	材料単価	歩掛り
四角中浅　塗代付　102×102×44	個	150	0.1
四角大深　塗代付　119×119×54	〃	420	0.1

　アウトレットボックスは写真のような材料です。表には「塗代付」という言葉が出ていましたが、この塗代は照明や配線器具を取り付けるビス穴が付いたアウトレットボックスに取り付ける枠を指します。

第4章 まだまだレベルアップしたいあなたへ 積算で使う資料

アウトレットボックス

塗 代
（左がスイッチカバーでコンセントなどの配線器具設置等に使用。右が丸穴カバーで照明器具設置等に使用）

アウトレットボックスにもいくつかの種類があります

4. 設計図と資料、実物材料の比較

⑤コンクリートボックス

　コンクリートボックスは、コンクリート面の天井に照明を取り付けるときなどに使用します。この図面では洋室の照明になります。

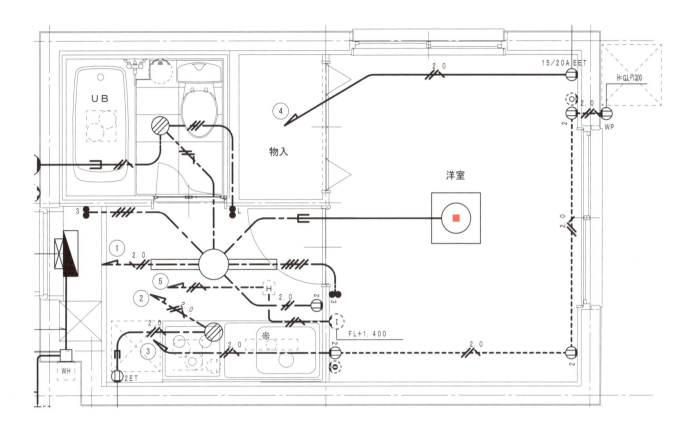

　よく使われるのが八角コンクリートボックスです。先ほどの「アウトレットボックス」の下にある「コンクリートボックス」の表があります。この中の「八角中深　塗代付　95×75」の材料単価と歩掛りを見てみましょう。

コンクリートボックスの材料単価と歩掛り　　　　　　　　（単位：歩掛り＝人／個、単価＝円／個）

形状・サイズ(mm)	単位	材料単価	歩掛り
八角中深　塗代付　95×75	個	370	0.1

コンクリートボックス　　　塗代（丸穴カバー）

コンクリートの天井によく使われます

105

第4章 まだまだレベルアップしたいあなたへ 積算で使う資料

⑥住宅用スイッチボックス

　住宅用スイッチボックスは、コンセントやスイッチなどの配線器具の裏ボックスとして使用します。以下、図の中に赤で示します。ここでは、間仕切壁で使用します。

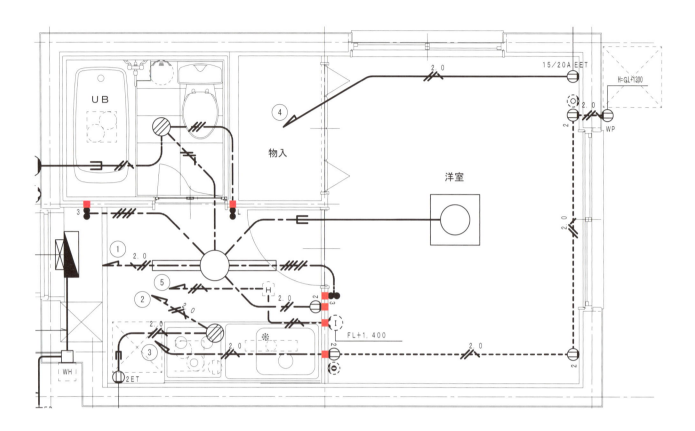

　それでは、住宅用スイッチボックスの材料単価と歩掛りを見てみましょう。積算「配管工事」の「合成樹脂製ボックス」の「住宅用スイッチボックス」の表にある「標準形　1個用」になります。

住宅用スイッチボックスの材料単価と歩掛り　　　　　　　（単位：歩掛り＝人／個、単価＝円／個）

形　状	単　位	材料単価	歩掛り
標準形　1個用	個	70	0.1

　住宅用スイッチボックスは次の写真のようなものです。

住宅用スイッチボックス

4. 設計図と資料、実物材料の比較

⑦埋込形コンセント

　最後に配線器具を見てみましょう。この図では、スイッチとコンセントがありましたが、ここではコンセントを資料から探したいと思います。
　まずコンセントの位置を図に示します。

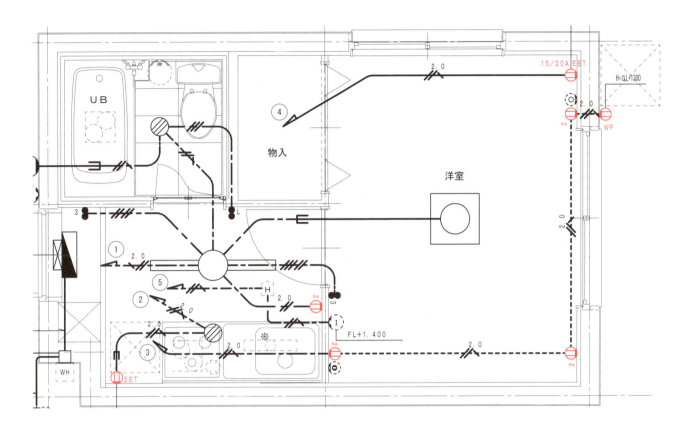

　コンセントは全部で4種類のものが使われています。それを照明姿図にある工事凡例から見てみましょう。

工事凡例		特記なき配線等は、下記の通りとする。
⊕₂		125V15A×2（取付枠P共） コンセント　FL+300
⊕2ET		2P15A×2　E極付 コンセント
⊕15/20A EET		15A・20A兼用埋込アース ターミナル付接地コンセント
⊕WP		防水ダブルコンセント 2P15A×2抜止　EET

この4種類が使われています

107

第4章 まだまだレベルアップしたいあなたへ 積算で使う資料

　図面では、「125V15A×2　コンセント」、「2P15A×2　E極付コンセント」、「15A・20A兼用埋込アースターミナル付接地コンセント」、「防水ダブルコンセント2P15A×2抜止EET」がありますので、それぞれの材料単価と歩掛りを見てみましょう。

　「配線器具」の項目から「埋込形コンセント」の「大角形コンセント」の表を見てみます。「125V15A×2コンセント」は「2P15A×2」、「2P15A×2　E極付コンセント」は「2P15A×2接地極付」、「15A・20A兼用埋込アースターミナル付接地コンセント」は「2P15A／20A兼用接地極・接地端子付(125V)」に相当します。

　「防水ダブルコンセント2P15A×2抜止　EET」は別項目になっています。「配線器具　その他」から「防水コンセント(屋外露出用)」を探し、「2P15A　抜け止め・接地極付　2個口　接地端子付」を見ます。

コンセントの材料単価と歩掛り　　　　　　　　　　　　　　（単位：歩掛り＝人／組、単価＝円／組）

名称・形式	単位	材料単価	歩掛り
2P15A×2	組	230	0.054
2P15A×2接地極付	〃	330	0.080
2P15A／20A兼用接地極・接地端子付(125V)	〃	510	0.093

防水コンセントの材料単価と歩掛り　　　　　　　　　　　　（単位：歩掛り＝人／個、単価＝円／個）

名称・形式	単位	材料単価	歩掛り
2P15A　抜け止め・接地極付　2個口　接地端子付	組	960	0.093

　ここで単位が「組」となっていましたが、配線器具の場合、配線器具本体(＋連用枠)＋プレートと複数の材料が組み合わさるので、このようになります。

配線器具は組み合わせて使うので「組」と言います

4. 設計図と資料、実物材料の比較

このように、最新の積算資料によって、一般材の材料単価や歩掛りを調べることができます。

・・・

　本書では、拾い出し作業を行いながら、積算とは、具体的にどのように行うのかを体験していただきました。実際に積算を行う場合は、その他の工事について、また材料についても知識を深めていかなければなりません。

　しかし、その方法を少しでも知っておくならば、基本的な方法から応用が利くようになり、積算を習得することも早くなります。

　ぜひ本書を再度振り返って、どのように積算を行うのか、あるいはそれぞれの言葉の意味なども確認してみてください。

索 引

英 数

600Vビニル絶縁ビニルシース
　ケーブル平形……………………99
600Vビニル絶縁電線………………101
A材……………………………………10
B材……………………………………10
CD管…………………………………36
FL……………………………………29
GL……………………………………50
IV……………………………………101
LEDシーリングライト………………36
OB……………………………………62
PF管………………………………36, 97
SL……………………………………50
VVF…………………………………99
VVF隠ぺい配線………………………32

あ 行

アウトレットボックス……………51, 103
穴あけ作業……………………………53
一般管理費……………………………6
一般材…………………………………10
内訳明細書………………………17, 78, 87
埋込形コンセント……………………107
裏ボックス……………………………22

か 行

科目別内訳書…………………………17
機器接続費……………………………21
機器搬入費……………………………22
共通仮設費……………………………5
共通費…………………………………5
キルビメーター………………………28
組………………………………………108
グランドレベル………………………50
計画数量………………………………12
「月刊　建設物価」……………………91
「〔月刊〕積算資料」……………………91
現場管理費……………………………5
「公共建築改修工事標準仕様書
　（電気設備工事編）」………………94
「公共建築工事内訳書標準書式
　（設備工事編）」……………………95

「公共建築工事積算基準」……………95
「公共建築工事標準仕様書
　（電気設備工事編）」………………93
「公共建築工事見積標準書式
　（設備工事編）」……………………95
「公共建築設備工事標準図
　（電気設備工事編）」………………94
工事原価………………………………3
工事費…………………………………3
工数……………………………………76
合成樹脂可とう電線管………………97
コロガシ………………………………31
コロガシ配線…………………………33
コンクリート工事……………………21
コンクリートボックス………………105

さ 行

材工分離方式…………………………7
細目別内訳書…………………………17
材料単価………………………………13
材料費の計算…………………………71
雑材消耗品………………………16, 78
三角スケール…………………………26
産業廃棄物処理費……………………23
サンスケ………………………………26
支給品…………………………………20
実数……………………………………67
住宅用スイッチボックス……………106
種目別内訳書…………………………17
小明細…………………………………17
所要数量………………………………11
数量表…………………………………66
スラブレベル…………………………50
積算………………………………2, 3
設計数量………………………………11
設計労務単価…………………………96
設備工事関連基準……………………93
設備工事積算関連基準………………95

た 行

大明細…………………………………17
チェック………………………………38
中科目別内訳書………………………17

中明細…………………………………17
直接工事費……………………………4
つなぎしろ……………………………59
適正な利益……………………………2
撤去費…………………………………16
「電気設備工事積算実務マニュアル」…90
「電気設備工事費の積算指針」………92
天井隠ぺい配管………………………31
電線管付属品率………………………16
電線管用付属品………………………15
特材……………………………………10
土工事…………………………………21
塗代……………………………………103
特記仕様書……………………………29

な 行

人工……………………………………76

は 行

配管立上り……………………………45
配線器具………………………………55
八角コンクリートボックス…………36
発生材引去金…………………………23
凡例……………………………………29
拾い出し………………………………31
複合単価方式…………………………9
付属品…………………………………78
別途工事………………………………20
歩掛り……………………………14, 74
フロアレベル…………………………50
補給率……………………………12, 69

ま 行

見積書……………………………7, 18, 87
木造間仕切壁…………………………53

や 行

床隠ぺい配管…………………………44

ら 行

率計算…………………………………15
立面の電線数量………………………40
労務単価…………………………14, 77
労務費…………………………………77

- 本書の内容に関する質問は，オーム社ホームページの「サポート」から，「お問合せ」の「書籍に関するお問合せ」をご参照いただくか，または書状にてオーム社編集局宛にお願いします．お受けできる質問は本書で紹介した内容に限らせていただきます．なお，電話での質問にはお答えできませんので，あらかじめご了承ください．
- 万一，落丁・乱丁の場合は，送料当社負担でお取替えいたします．当社販売課宛にお送りください．
- 本書の一部の複写複製を希望される場合は，本書扉裏を参照してください．

JCOPY ＜出版者著作権管理機構 委託出版物＞

拾って覚える！実践 電気工事積算入門

2018年 7 月13日　第1版第1刷発行
2025年 4 月10日　第1版第9刷発行

編　者　福岡県電気工事業工業組合
発行者　髙田光明
発行所　株式会社オーム社
　　　　郵便番号　101-8460
　　　　東京都千代田区神田錦町3-1
　　　　電話　03(3233)0641(代表)
　　　　URL　https://www.ohmsha.co.jp/

© 福岡県電気工事業工業組合 2018

組版　アトリエ渋谷　　印刷・製本　三美印刷
ISBN978-4-274-50697-0　Printed in Japan

現場でのリアルな電気工事がわかる！

現場がわかる！電気工事入門
―電太と学ぶ初歩の初歩―

好評発売中！

電気工事士は、最近話題のスマートグリッドや節電対策、電気自動車、再生可能エネルギーなどにも関連し、その資格受験者も増えています。
この本では、電気工事士初心者の電太君の目を通して、現場での実際の電気工事を紹介しています。

- ■「電気と工事」編集部 編
- ■B5判／128頁
- ■本体1,500円（税別）
- ISBN 978-4-274-50364-1

■主要目次
1. 電気工事の仕事を知ろう！
2. こんなことまでやってる電気工事
3. 完成に向けての仕上げ工事
4. 電気工事、腕の見せ所！

Ohmsha

電気設備工事現場代理人のリアルがわかる！

現場がわかる！電気工事現場代理人入門
―香取君と学ぶ施工管理のポイント―

好評発売中！

大きな建物の電気工事には必ず必要になる、現場代理人。その仕事はいったいどのようなものかを、新人現場代理人香取君の視点で解説します。

■主要目次
- 第1章　最初が肝心！　事前準備
- 第2章　日々行う　管理業務
- 第3章　完成に向けて　施工管理

- ■志村　満 著
- ■B5判／144頁
- ■本体1,700円（税別）
- ISBN 978-4-274-50631-4

Ohmsha